JN262237

群集安全工学

Safety Technology for Crowd

群集安全工学

岡田　光正

阪井　由二郎
吉田　勝行
柏原　士郎
辻　　正矩
吉村　英祐
横田　隆司
森田　孝夫

鹿島出版会

はじめに

　記録に残る史上最悪の群集事故が起こったのは約200年前，江戸の永代橋が崩落した時のことであった．戦後では，初詣での群集が石段の上で押し合いになって多くの人命が失われるという事件から，最近の明石花火大会歩道橋の事故に至るまで，群集事故がなくなることはなかった．
　では，こうした悲劇を繰り返さないためには，どうすればよいか．本書は，このような観点から，過去の事例を分析して事故発生の原因とメカニズムを明らかにすることによって，事故を防ぐための対策と手法を見出そうとしたものである．
　著者らは，かつて「都市と建築の人間工学」および「群集のための規模計画」の中で，本書の骨子にあたるような内容をまとめたが，完全なものには至らなかった．そこで，あらためて群集工学として体系的にまとめることを目的として，研究室OBの人達との打合せを始めたのは約20年前である．以後，会合を重ねて内容のあらすじがまとまったところに明石花火大会の事故が発生，事故調査に続いて裁判も始まり，その扱い方などをいろいろと考えているうちに今日になったという次第である．
　打合せを重ねたメンバーの名前は本書の本扉と奥付に示すとおりであるが，とくに阪井由二郎氏の修士論文「事例分析による群集事故の研究」は，本書のきっかけになった基本的な資料であり，また横田隆司氏には「群集流動のシミュレーション」を担当してもらった．以上を含めて本書の内容については，著者として私がすべての責任を負うものである．
　なお「群集」は「群衆」と書かれることもあるが，古くは「群集」と書いて「くんじゅ」と読み「多人数，群がり集まること，またその人びと」を指す言葉であった．よって，本書ではインフォーマルな不特定多数の人間の集団を幅広く表わす言葉として「群集」の文字を用いることにした．
　ところで，この本をまとめるにあたっては，安曇野公司の小田切史夫氏には随分とご苦労をいただいた．また，鹿島出版会の相川幸二氏にも格別のお世話になった．あらためて，お二人に心からお礼を申し上げたいと思う．

2011年3月

岡田光正

群集安全工学
Contents……目次

はじめに ……………………………………………………………………………005

第1章 ● 重大事故はどうして起こったか

1-1 …… **弥彦神社事件** ……………………………………………………015
 （1）二年参りと餅まき ………………………………………015
 （2）餅まき場所の変更 ………………………………………016
 （3）餅まき開始 ………………………………………………017
 （4）石段の上で群集が衝突 …………………………………018
 （5）玉垣が崩壊して転落 ……………………………………022
 （6）死亡者のほとんどは圧死だった ………………………024
 （7）大事故になったのは何故か ……………………………025

1-2 …… **明石花火大会歩道橋事故** ………………………………………027
 （1）事故発生までの歩道橋の状況 …………………………029
 （2）事故発生の時刻と場所 …………………………………034
 （3）陥没型の倒れ込み ………………………………………035
 （4）「倒れ込み」発生の原因 ………………………………036
 （5）大事故になったのは何故か ……………………………037
 （6）明石花火大会歩道橋事故と弥彦神社事件の比較 …041

1-3 …… **日暮里駅事故** ……………………………………………………041
1-4 …… **フライヤージム事故** ……………………………………………043
1-5 …… **松尾鉱山小学校の事故** …………………………………………045
1-6 …… **サッカー場における2つの群集事故** …………………………046
 （1）ヘイゼルの悲劇（Heysel Stadium Disaster） …046
 （2）ヒルズボロの悲劇（Hillsborough Disaster） ……048

1-7 …… **ラブパレード事故** ………………………………………………049
1-8 …… **カンボジア水祭り事故** …………………………………………052

第2章 ● 群集事故のタイプと発生要因

2-1 …… **巡礼の道** …………………………………………………………055
2-2 …… **野外のイベントにおける群集事故** ……………………………056
 （1）橋からの転落 ……………………………………………056

（2）「桜の通り抜け」における事故 ……………………… 059
　　　（3）コンサートにおける群集事故 ……………………… 060
　　　（4）スポーツ施設における群集事故 …………………… 062
　　2-3……**野外における事故の要因** ……………………………… 064
　　　（1）事故発生の場所 ……………………………………… 064
　　　（2）花火大会における事故発生の要因 ………………… 065
　　　（3）スポーツ施設における事故発生の要因 …………… 065
　　2-4……**屋内のイベントにおける群集事故** …………………… 066
　　　（1）大阪劇場の事故 ……………………………………… 066
　　　（2）豊橋市立体育館の事故 ……………………………… 066
　　　（3）場外馬券場での事故 ………………………………… 067
　　　（4）屋内のイベントにおける事故発生の要因 ………… 068
　　2-5……**児童・生徒にかかわる群集事故** ……………………… 069
　　　（1）SABホールの事故 …………………………………… 069
　　　（2）新川小学校の事故 …………………………………… 070
　　　（3）ツインタワーのエスカレーターにおける事故 … 071
　　　（4）児童・生徒にかかわる事故の要因 ………………… 071

第3章 ● 群集の実態と事故の可能性

　　3-1……**初詣でと祭りの群集** ……………………………………… 075
　　　（1）初詣での群集 ………………………………………… 075
　　　（2）祭りの群集 …………………………………………… 076
　　3-2……**街の群集** …………………………………………………… 080
　　　（1）街区の人口 …………………………………………… 082
　　　（2）建物内の人口 ………………………………………… 084
　　3-3……**地下街の群集** ……………………………………………… 086
　　　（1）わが国における地下街の始まり …………………… 087
　　　（2）地下街のタイプ ……………………………………… 089
　　　（3）地下街の群集 ………………………………………… 090
　　3-4……**地下空間の危険性** ………………………………………… 091
　　　（1）避難行動についての意識 …………………………… 091
　　　（2）地震による危険性 …………………………………… 092

　　　　（3）水害による危険性 ……………………………… 093
　3-5 …… **大規模複合商業施設への課題** ……………………… 095

第4章 ● 群集の密度

　4-1 …… **群集を数える** …………………………………… 099
　　　　（1）通行人を数える …………………………… 100
　　　　（2）滞留人数を数える ………………………… 101
　　　　（3）延べ人数を数える ………………………… 102
　　　　（4）人出の予測 ………………………………… 103
　4-2 …… **群集密度と混雑のレベル** ……………………… 103
　　　　（1）グロスとネット―2種類の群集密度― ………… 103
　　　　（2）群集のエレメントと占有面積 …………… 104
　　　　（3）群集密度のレベル ………………………… 106
　4-3 …… **行列の種類** ……………………………………… 108
　　　　（1）行列の線密度 ……………………………… 109
　　　　（2）行列に必要なスペース …………………… 111
　4-4 …… **群集密度の限界** ………………………………… 111
　　　　（1）密集状態の密度 …………………………… 111
　　　　（2）身体にかかる圧力の評価 ………………… 112
　4-5 …… **群集の圧力** ……………………………………… 113
　4-6 …… **群集事故で死亡するのは何故か** ……………… 116

第5章 ● 群集の歩行

　5-1 …… **東海道の旅** ……………………………………… 119
　5-2 …… **群集の歩行速度** ………………………………… 121
　　　　（1）自由歩行速度 ……………………………… 121
　　　　（2）群集歩行のモデル ………………………… 124
　　　　（3）プラトゥーン効果（Platoon Effect）……… 129
　　　　（4）群集流動係数 ……………………………… 130
　5-3 …… **群集行動の法則性** ……………………………… 131
　　　　（1）時間的行動のパターン …………………… 131

　　　　（2）日常的に表れる空間的行動のパターン ············ 135
　　　　（3）非常の際における行動パターン ·················· 139

第6章 ● 群集流動のシミュレーション

6-1 …… 群集流動をどうシミュレートするか ············ 143
　　　　（1）シミュレーションの前提条件 ···················· 143
　　　　（2）シミュレーションにおける留意点 ················ 146
　　　　（3）対象ごとにみたシミュレーションの事例 ·········· 148
6-2 …… 都市防災のシミュレーション ················ 152

第7章 ● 事故発生のメカニズムと安全対策

7-1 …… 非日常の場における群集の行動パターン ········ 157
7-2 …… 事故発生の要因からみた群集事故のタイプ ···· 159
7-3 …… 事故発生のプロセス ······················· 161
　　　　（1）事故発生のきっかけとなる転倒の原因 ············ 161
　　　　（2）転倒のタイプ ································· 162
7-4 …… 事故防止のための安全対策 ················· 162
　　　　（1）ハード面の対策 ─設計段階における技術的手法─ ···· 162
　　　　（2）運営面での対策 ······························· 164
　　　　（3）警備上の対策 ································· 167
7-5 …… 主催者や警備担当者の問題点 ················ 171

関連参考文献（第5章） ·· 173
関連参考文献（第6章） ·· 175

第1章

重大事故は
どうして起こったか

●

1-1……弥彦神社事件
1-2……明石花火大会歩道橋事故
1-3……日暮里駅事故
1-4……フライヤージム事故
1-5……松尾鉱山小学校の事故
1-6……サッカー場における2つの群集事故
1-7……ラブパレード事故
1-8……カンボジア水祭り事故

1-1　弥彦神社事件

1956年（昭和31年）正月元日の未明
死亡者124名，重傷者8名，軽傷者83名
新潟県西蒲原郡弥彦村弥彦神社

「倒れた人の山は高さ2m以上もあり下になった人が死んだ」
「石段の下の方では人が一面に倒れて死んでいた」
「玉垣と一緒に2.5m下の地面に転落した人の上に，さらに人びとが飛び降りて，人の山ができた」
「3～4人が重なって倒れており，足にすがって助けてくれという。引っ張っても抜けないし，大勢の人が頭の上を踏んで行く状況だった」
　これは第二次大戦後では最も多い124名の死者を出した，1956年（昭和31年）1月1日の弥彦神社における群集事故での，現場に居合わせた人の話である。このような悲惨な事故はどのようにして起こったのであろうか。

(1)　二年参りと餅まき

　弥彦（やひこ）神社は越後の一の宮で，古より格式を誇る神社である。この神社では昭和6,7年頃から，元日の初詣での際，旧年中の無事を感謝して大晦日のうちに一度お参りした後，除夜の鐘を合図に改めて新年の無病息災を願って参拝する風習が生れ，「二年詣で」あるいは「二年参り」と呼ばれるようになった。参拝者には元旦の午前0時より前に1回目の参拝をしたあと，0時過ぎに再び拝殿に詣でる者や，深夜の初詣でをする者など，いろいろなタイプがあるが，人気があって事故の前年度の参拝者数は1万名を突破した。
　この神社は国幣中社として戦前は国からも保護を受けていたが，戦後は公的保護がなくなり経営は楽ではなかったという。一方，門前の旅館，料理店，土産物店などでは，この二年詣でによって収益が上がるので，他の社寺にならって人寄せの催し物などで参拝客の誘致をはかるように

図 1-1　弥彦神社拝殿

要望していた。これに応えて神社側も事故の前年度から紅白の福餅をまくことを始めた。その結果，予期以上の成果をおさめたので，昭和 31 年も行なうことになり，交通機関にポスターを配布するなどして宣伝したという。

(2)　餅まき場所の変更

　神社の正面入り口は随神門で，この門は参道から石段を上がったところにある。随神門をくぐると斎庭（いつきにわ）と称する拝殿前の広場があり，これは東西 47 m，南北 29 m（随身門から拝殿正面まで，拝殿の両側部分を除く）で面積は 1,363 m² とかなり広い。
　前年の餅まきでは，拝殿から広場（斎庭）に向かって餅をまいたところ，餅を奪い合って土足で拝殿に上がり込んだり，餅を入れた三宝を持ち出す者もあったりしたので，この年は餅まきの場所を変更することになった。そのため広場に櫓を設け，その上からまく案も提案されたが，櫓を組むのに経費がかさむ，参拝者が櫓に登ってくると櫓が倒れるおそれがある，そばで篝火をたくから危険，などの理由で採用されなかった。代案として随神門の両翼に櫓を組み，その上から拝殿側に向って，前年よ

図1-2 神社の平面（略図）

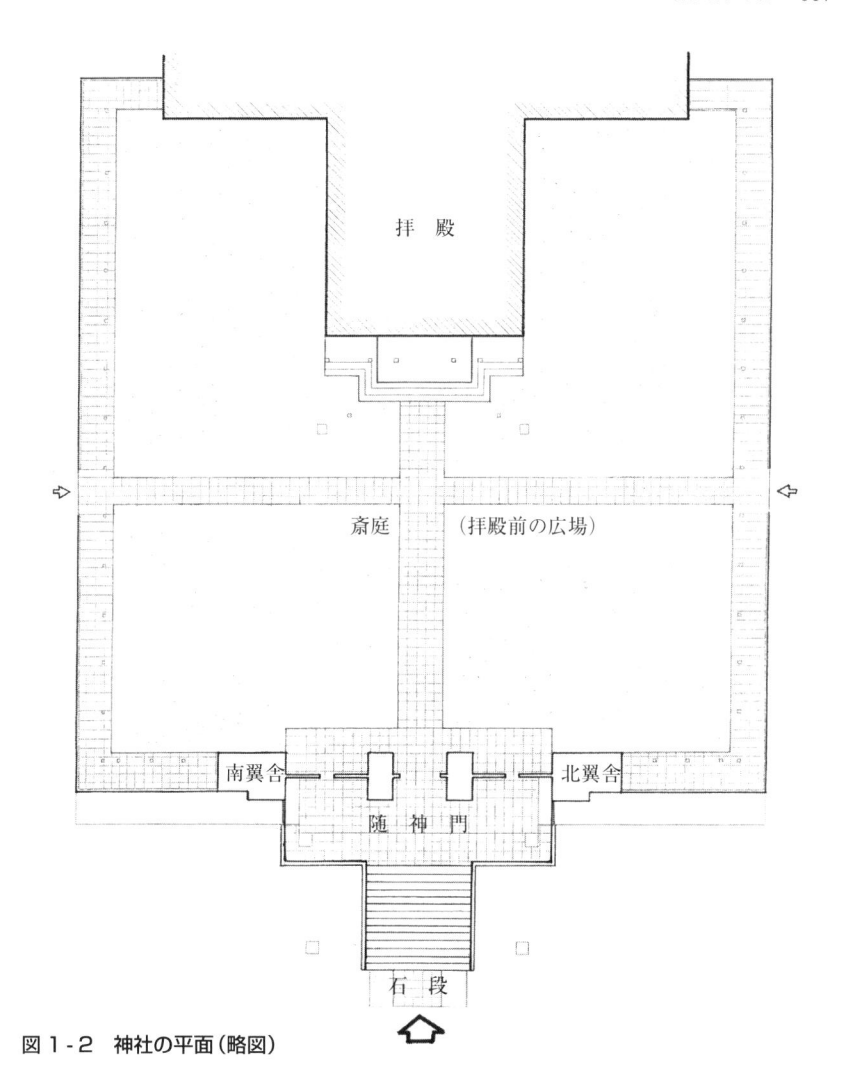

りも多い約2千個の紅白の福餅をまくことになった。

（3） 餅まき開始

　元日の午前0時，花火を合図に予定どおり櫓の上から拝殿前の広場に密集した約8千名の参拝客に向かって餅をまき始めた。この餅拾いのた

め混乱が生じ，悲鳴を上げる者が続出していたが，餅まきは約3分で終了。参拝客も餅まきが終わると，いっせいに帰ろうとして密集状態のまま随身門を出て石段に向かった。バスで来た人にとっては集合時間が厳しく，列車で来た人も帰りのダイヤが気になったであろう。そこへ臨時列車から降りた参拝客が続ぞくと石段の下に到着，門から出た群集と門を入ろうとする群集が石段の途中でぶつかって押し合いになった。その上，酒気を帯びた者が大声を発しながら，お祭り気分で面白半分に押したりして，中に挟まれた者は逃げ場を失って大混乱となった。

石段の上では，群集の圧力で玉垣が崩落，随身門の入口付近に居た群集は押されて玉垣と一緒に高さ2.5mのガケ下に転落した。さらに石段の途中でも折り重なって転倒，ついに圧死者124名，重軽傷者91名という大惨事を惹き起こすに至った。

この石段は15段で，全体の高さは2.5m，幅は7.74mと広く，寸法は蹴上17cm，踏面55cm，勾配は約17度と緩やかで，全体としてはゆったりしており，平常であれば何の問題もない石段である。

(4) 石段の上で群集が衝突

門から出た群集と門に入ろうとする群集が石段の途中で正面衝突する形になった。現場に居合わせた人びとの声をまとめるとその状況は次のとおりである。*脚注1)

「花火打ち上げが終わって5～6分たったかと思われる頃，石段の下の方から異様な叫び声が聞こえ始め，上と下からの群集が石段の下の方でぶつかって揉み合い，バタバタと人が倒れていくように見えた」

「石段のいちばん下あたりで2つの人波がぶっかり上から押す者が多かった」

「石段の下まで辿りついたが立往生。後の方から押されて2,3段上っ

---

*1) 現場にいた人の体験談その他は下記による．
昭和35年7月15日「巻簡易裁判所」，昭和39年2月19日「東京高等裁判所第二刑事部」，昭和42年5月25日「最高裁判所第一小法廷」の各判決文および弥彦神社事件第三審での弁護人の主張，新潟県警察史（昭和33年新潟県警察本部発行），新潟日報ほか各新聞の記事．

図 1-3　隋神門と石段
事故当時の石段はこれよりも幅が狭かった。

たが，ここでまた立往生。石段の上の方の人は全部下を向いており，石段の途中で両方向からの人波がぶつかって動きがとれず胸を押されて息苦しくなった」

石段の途中では群集の圧力に耐えかねて失神する人が多かった。

「足が宙に浮いたまま，3段くらい降りたかなと思ったとたんに，一斉に前の方へのめってしまった。前にバターンと倒れた。私の下には沢山の人がいた。みんなが悲鳴をあげていて，私も意識不明になった」。

「上と下の両方から押されて胸が苦しく，前の方の人がどんどん倒れて折り重なり，一緒に倒されて死ぬかと思ったが，石段から飛び降りて脱出した」

「下りようとする人びとが上ろうとする人波に割り込み，石段の中ほどの人達が折り重なって倒れた。直ぐ足を抜いて参道の脇に脱出したが，なおも上と下で押し合いが続き，石段には次から次へと人が倒れてゆき，その凄さは何とも表現できなかった」

最も力の加わる最下段付近では，失神する人が現れた。

「人波に押されて二度ほど転び靴も脱げて素足になってしまった。やっと起上ったが，門のところでまた倒された。そこでは20～30

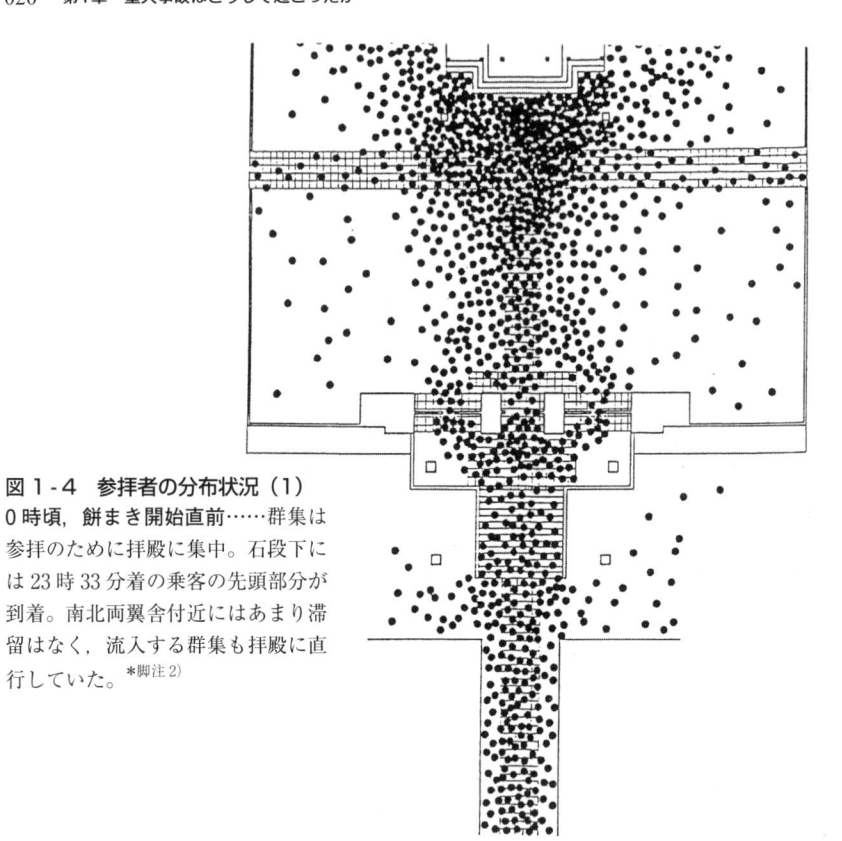

図1-4 参拝者の分布状況（1）
0時頃，餅まき開始直前……群集は参拝のために拝殿に集中。石段下には23時33分着の乗客の先頭部分が到着。南北両翼舎付近にはあまり滞留はなく，流入する群集も拝殿に直行していた。*脚注2)

人が折り重っていた」
「12時40分の汽車に乗ろうと門を出たが，前後左右ぎっしりと人が詰まって身動きができなくなった。出ようとする人と入ろうとする人が階段の最下段あたりでぶつかり，上がってこようとする人の顔が最下段から参道にずっと続いていた。押されながら3，4段降りたが，いくらもがいても体は自由にならず，胸が圧迫されて息が止まったかと思われた」

多くの人が折り重なって倒れ，石段の下に落ちた。
「後から押されて足が宙に浮いてしまい，胸が圧迫されて苦しくなった。2，3段降りると前に倒れた。下にも倒れた人が重っていたので，

---

*2) 図1-4～1-8は，記録から群集の分布状況を推定して表現したもので，阪井由二郎「事例分析による群集事故の研究」大阪大学修士論文（1986年）による．

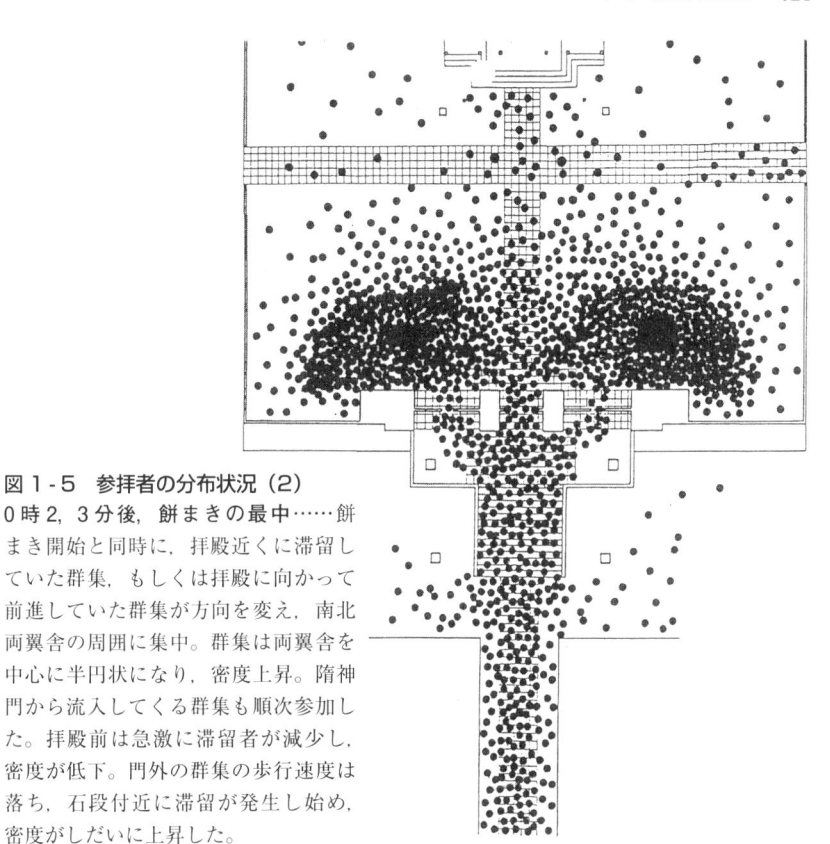

図 1-5　参拝者の分布状況（2）
0 時 2, 3 分後, 餅まきの最中……餅まき開始と同時に，拝殿近くに滞留していた群集，もしくは拝殿に向かって前進していた群集が方向を変え，南北両翼舎の周囲に集中。群集は両翼舎を中心に半円状になり，密度上昇。隋神門から流入してくる群集も順次参加した。拝殿前は急激に滞留者が減少し，密度が低下。門外の群集の歩行速度は落ち，石段付近に滞留が発生し始め，密度がしだいに上昇した。

下へ落ちたという感じはなかったが，後ろからも倒れてくるので挟まれて息苦しくなった。苦しい苦しいという声も弱くなってきた。石段の下の方には人が一面に倒れて死んでいた」
「押されながら石段を中程まで上ったところ，門の方からどっと人が出てきた。上からの人波に押されて，いきなり石段の下に倒れたが，起き上がって林の中に逃げこんだ。石段の上から 10 人ほどの人が一度に落ちるのを 2 回ほど見た」
「石垣のそばの木に登って見ると，石段の下の方あたりで人が 3, 4 人くらい重なって倒れており，1.2 m（4 尺）ほどの厚みがあるように見えた」

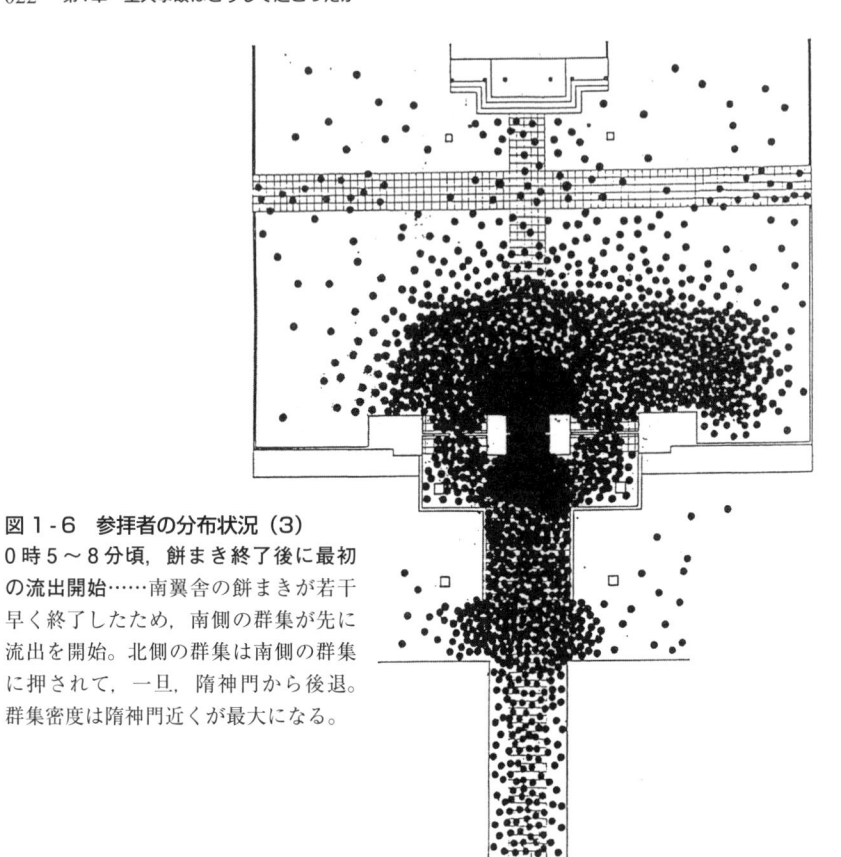

図1-6 参拝者の分布状況（3）
0時5〜8分頃，餅まき終了後に最初の流出開始……南翼舎の餅まきが若干早く終了したため，南側の群集が先に流出を開始。北側の群集は南側の群集に押されて，一旦，隋神門から後退。群集密度は隋神門近くが最大になる。

（5） 玉垣が崩壊して転落

　死亡者が出たのは石段の上だけではなかった。餅まきが終ると広場（斎庭）にいた群集は随神門に殺到，門を出た群集は石段の上の人波にさえぎられて左右に分かれ，石段の両側にある踊場の玉垣に波のように何度も衝突した。その結果，玉垣は右側が幅2m，左側は幅3mが倒壊して多くの人びとが2.5m下の地面に転落。さらにその上に人がどんどん飛び降りて倒れた人の山が高さ2m以上にもなり，下積みになった人が死んだという。櫓の上で餅撒きをしていた人の話によれば，その経過は次のとおりである。

　「一団の群集が随身門から石段に向かって喚声を上げながらドット押し出して行ったため，石段の付近は混乱状態に陥り，左右に膨れ上

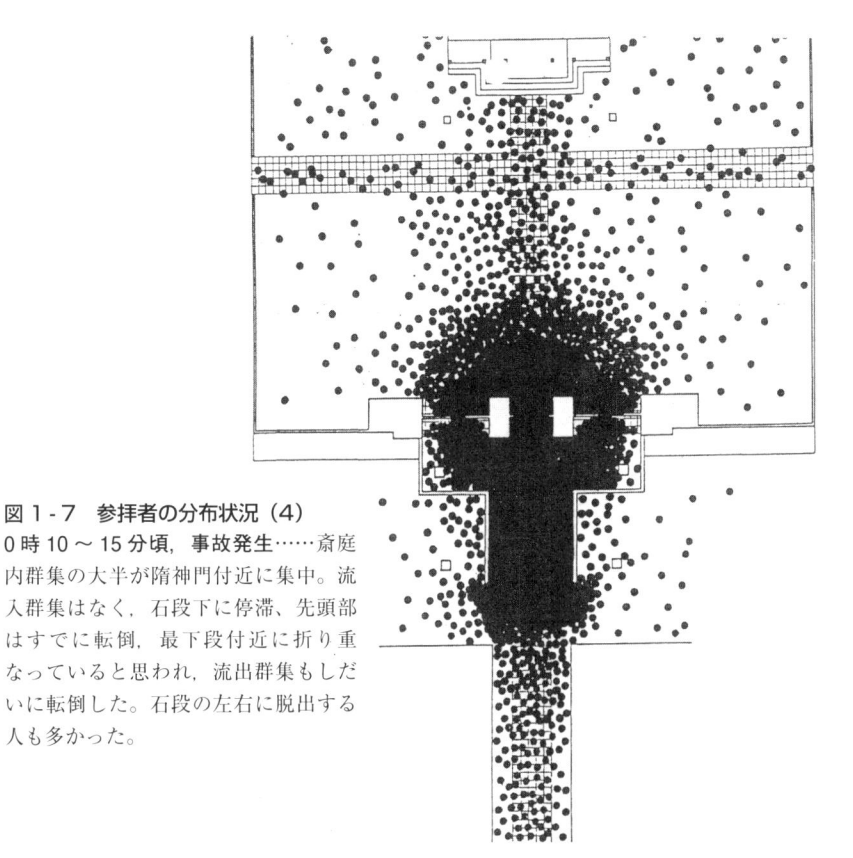

図 1-7 参拝者の分布状況（4）
0 時 10 〜 15 分頃，事故発生……斎庭内群集の大半が随神門付近に集中。流入群集はなく，石段下に停滞、先頭部はすでに転倒，最下段付近に折り重なっていると思われ，流出群集もしだいに転倒した。石段の左右に脱出する人も多かった。

がった人波で玉垣がくずれ，玉垣と一緒に転落した人の上に，密集から避難しようとする人びとが飛び降りて全く手をつけようもない状態になってしまった」

玉垣が崩壊したのは石造りで鉄筋や鉄骨で補強されたものではなかったからで，通常，横から大きな外力がかかることは想定していないから，これは仕方がないだろう。

随神門と石段の間隔は奥行 2.3 m，幅 8.3 m の踊場のようなスペースがあり，この踊場の左右には玉垣で囲まれた平地があったが，この平地の総面積は約 $111 m^2$ で，上記の踊り場と合わせても約 $120 m^2$ しかなく，餅まきが終った時に斎庭にいたと思われる約 8 千人の群集を受け容れることは到底できなかったのである。

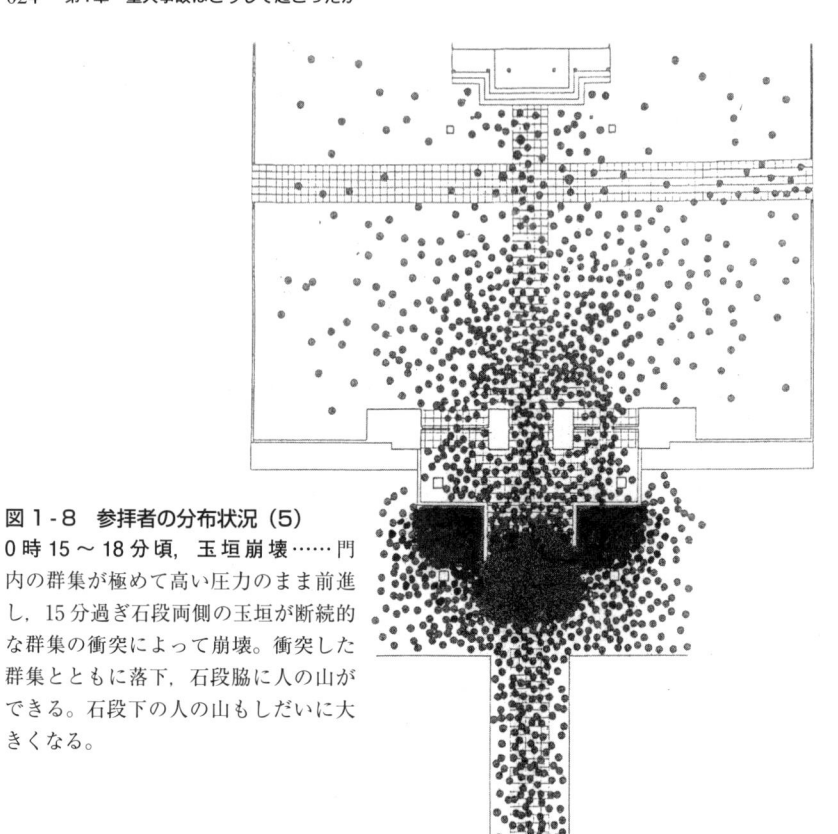

図1-8 参拝者の分布状況（5）
0時15〜18分頃，玉垣崩壊……門内の群集が極めて高い圧力のまま前進し，15分過ぎ石段両側の玉垣が断続的な群集の衝突によって崩壊。衝突した群集とともに落下，石段脇に人の山ができる。石段下の人の山もしだいに大きくなる。

（6） 死亡者のほとんどは圧死だった

　わずか数分間の混乱で124名が死亡し，少くとも177名が負傷した。死傷者のほとんどは「石段上での倒れこみ」と「玉垣の崩壊」によるものだったと思われる。
　新潟県警弥彦事件捜査本部の資料によると，死者の大部分は，胸，腹部圧迫による窒息死で，骨折，外傷による死者は少ない。死者124名のうち，圧死は102名，頭蓋骨折，頸骨折などの骨折によるものが3名，ほとんどが眼球突出，頭部への充血，口の中から出血したあとがあり，苦しさをむき出していた。重傷者の中には，ネクタイを引っ張られて窒息した人や記憶を喪失した人もあり，当時の群集の力のものすごさを物語っている。

図 1-9　玉垣とガケ
切石積の部分は，事故の後で階段上の踊り場の奥行を広げたところ。

　また，1日の午前9時半，いち早く現場を視察した新潟県医師会の倉品克一郎理事によると

　「驚いたのは，死体はいずれも露出部に著しく充血，もしくは皮下出血を示し，眼球と鼻から出血が認められるものが多く，四肢の負傷あるいは外傷による死亡と認められるものがほとんどないことだった。続いて負傷者を治療している病院に行くと，次つぎに送られてくる負傷者が何れも意識混濁，全身痙攣，頭部強打などの著名な脳症状を呈していた」

という。

(7)　大事故になったのは何故か

　この年の参拝者は1万3千人以上で前年度に比べて3千人ていど多かったという。また当時の人出は2万1千人とされたが，3万人だったという説もある。これは初詣での人数としては格段に多いというわけではない。それにもかかわらず大事故になったのは，以下に示すような，第一に群集が異常に滞留したからであり，第二は有効な事前準備がなかったことが最大の誘因である。

1）群集が異常に滞留した原因

　当日，事故発生の直前には駅から拝殿までの1.5kmの道は人波でぎっしり埋まり，拝殿前から石段下付近には群集が異常に滞留していた（読売新聞昭和31年1月3日）。

　事故のもとになった群集滞溜の原因としては次の3つが考えられる。このうちのいずれかが欠けておれば，事故は起らなかったのではないだろうか。

① 二年参りの習慣
　　この習慣があったため，午前0時を中心とする短い時間帯に群集が集中した。
② 餅まきの場所の変更
　　危険な石段に近いところで餅まきを行なったことは最悪の選択であった。前年どおり拝殿側から斎庭の方に向かって餅まきを行なえばよかったのである。
③ 列車が延着した
　　滞留群集の増大は列車の延着にも原因がある。このため参道から石段下付近の群集密度を高め，石段の上で高密度の群集が正面衝突することになった。もし午前零時より以前に群集が斎庭内に到着していたならば事故は起きなかったのではなかろうか。

2）事前準備がなかった
A．一方通行の規制をしなかった

　斎庭からの出口は随神門の他に少なくとも2カ所あり，一方通行にしようと思えばできたのに何の規制もしなかった。これが最大の原因である。随神門の中央入口は幅員約3m，両脇の通用口の幅員は各1mで，出入口の幅員は合計約5mである。

　新潟県警首脳部の話によると，12月28日，神社側と打ち合わせを行なったとき

　　「相当こむだろうから参道の中央にロープを張るか，竹で手すりを作ったらどうか」

と警告したが，神社側では

　　「従来の経験では人がつまずいたりして，むしろ悪い」

として実際には行なわれなかったという。

B. 警察も無警戒であった

大事故発生の現場にも警察官は 3 人しか配置されていなかった。神社側は，午前零時に餅をまくから，その頃になったら警備をお願いしたい旨を警察に申入れたというが，警察では参道の雑踏警備のことだと考え，隊員 2, 3 名を派遣することを考慮した程度だったという。

警察の責任者は事前に隊員とともに拝殿まで行ったが，餅まきの場所には関心がなかったようで，随神門の屋根の櫓に気を止めることもなく，餅まき場所の問題点に気づいた者は一人もいなかった。つまり事故発生の危険性に対しては神社側も警察側も全く無警戒であった。

C. 有効な事前準備はなかった

神社では夜間の参拝客のために，それぞれの出入口についても若干の照明を設置していたが，参拝客の大半は正面の随神門を利用し，神社側も特に一方通行などの交通整理は行わなかったため，2 カ所の脇の出入口に向かう参拝客はほとんどいなかった。また石段の上が大混乱になったのを見て，門から出る群集を止めるため，神社側では門の入口に梯子を横たえようとしたが，群集の罵声と暴行に妨害され失敗している。群集の圧力を梯子 1 本で止めようとしても，とうてい無理であった。

1-2　明石花火大会歩道橋事故

2001 年（平成 13 年）7 月 21 日（土）　20 時 45 分頃〜50 分過ぎ
死亡者 11 名（10 歳未満 9 名，70 歳以上 2 名）負傷者 247 名
兵庫県明石市大倉海岸と JR「朝霧駅」を結ぶ明石市道「朝霧歩道橋上」

「『子供が死んでしまう』『子供だけでも助けて』という叫び声と悲鳴」
「4 歳の娘は押される度に「グェー」と呻きながら何度も白目をむいて気を失った」

図1-10　朝霧歩道橋の入口（JR駅側，幅員約6m）

「下敷きになっていたのは，ほとんどが子供で，意識を失って人形のようだった」

「目の前でおばあさんが倒れ，その上を人が次つぎに踏んでいった」[脚注3]

これは2001年（平成13年）7月21日の「明石花火大会」で群集事故に巻き込まれた人の話である．朝霧駅と会場の大蔵海岸を結ぶ歩道橋の上で群集が押し合いになり，大規模な倒れ込みが発生，死者11人と負傷者247人という重大事故になった．死亡者はすべてが子供と高齢者で，10歳未満9名，70歳以上2名である．

事故の現場はJRの朝霧駅と海岸を結ぶ朝霧歩道橋である．この歩道橋は長さ約100mで，JR山陽本線，山陽電鉄線の2本の鉄道と国道2号線，国道28号線，市道48号線の3本の道路をまたいでいる．歩道橋の南詰めから階段で海岸に降りるようになっているが，歩道橋の幅6mに対して階段の幅は半分の3mしかないという典型的なボトルネック構造

---

*3）以下，体験者の話と現場の状況などは下記による．
「第32回明石市民夏まつりにおける花火大会事故調査報告書」明石市民夏まつり事故調査委員会，平成14年1月および事故当時の神戸新聞ほか主要各新聞の記事

図1-11　朝霧歩道橋の全景（西側，全長約200 m）

であった。

　花火は午後8時半に終る予定だったが，その10分前頃になると，駅に帰ろうとする群集と会場に向かう群集が歩道橋の上で衝突するような状態になり，歩道橋の上は両方向からの押合いで全く身動きできなくなった。その結果，橋の上で群集が折重なって倒れ，高さ1.5 mという人の背丈ほどの人の山ができて，300人以上が巻き込まれたのである。

(1)　事故発生までの歩道橋の状況

18：00　歩道橋はすいていた

　この頃、朝霧駅のホームはすでに大混雑で通過列車に巻き込まれそうな状況だったが、改札口を出て歩道橋に入ると混雑はなく、たまに人の肩が触れ合う程度で自由に歩くことができた。だが、18：15頃、警備会社の担当者は入場制限の必要を感じて警備本部に連絡したが、警察の許可がないと規制はできないといわれ、何もできなかったという。

図 1-12　歩道橋から海岸に降りる階段（幅員約 3 m）

18：30　歩道橋は大混雑

歩道橋の上では，急激に混雑がひどくなっていたが「徐々に動いているので通れます」という警備員の言葉を信じて多くの人びとが歩道橋に入った．実はこれが悲劇の発端になったのである．というのは歩道橋から海岸に降りる階段の幅は歩道橋の半分しかなく，しかも階段の下には夜店が並んでいて，見物の群集が密集していたため，出口がふさがれた状態であり，時間とともに橋の上の人数は増える一方であった．

19：00　入場制限はしなかった

明石署の責任者は状況確認のため署員数名を駅側に向かわせたが，歩道橋上では流れはあるとして，この時点で入場制限をすれば「駅のホームなどから人があふれるので様子をみよう」ということになった．同じ時間に，民間会社の警備員も朝霧駅側に到着した警察官 2 人に状況を説明し，入場制限などを提案したが，警察官の返答は，やはり「流れてい

るので様子をみる」ということであった。その結果，入場制限は行なわれず迂回路への誘導もなかった。

19：25 朝霧駅側が非常に混んでいるとの連絡があり，警備会社の隊長は進入ストップを指示し，明石警察の地域官に相談したが，地域官は「自然の流れ，このまま行こう」とのことだった。結局，隊長は進入規制しないことを指示。だが，この時点で歩道橋の中ほどから南側では大変なことになっていた。

19：45 花火の打上げ開始

花火が始まると，打上げのたびに観客の足が止まり，花火が途切れると進むという状態が繰り返され，ほとんど動かない状態で群集密度だけが高くなった。これは橋の北側から流入する人数にくらべて橋の南側から海岸に降りてゆく人数が圧倒的に少ないからだ。その理由のひとつは橋の部分の幅6mに対して，海岸に下りる階段の幅は3mしかなく，しかも階段の下は夜店の客と花火を見る人びとで埋めつくされていたことであり，いまひとつは橋の上が花火打上げの正面に当たり，とくに階段上の踊場は花火を見るには絶好の場所だったからである。

そのため橋の中央部を過ぎたあたりは超満員の電車のような状態だったが，それでも駅側からの進入は止まらず，歩道橋の南詰め付近の群集密度は13人/m^2以上に達するほどになった

「橋の上の流れが止まった」という担当者からの連絡で，警備会社の隊長は「今すいているうちに通行制限することを許して欲しい」と警察に再度の要請をしたが，「花火が終ってからにしよう」との回答であった。

だが，この時すでに次のような状態になっていた。＊脚注4)

> 「超満員の電車のような状況のなかで，ベビーカーが押されて軋みだした。背の低い子どもは人に挟まれて泣きわめき，大人も息苦しくなって天井を向いて喘いでいた」

> 「ベビーカーを押していた人は，それを畳んで子供を抱き上げたり手摺と壁のボードの隙間に子供を入れたりして何とか人の圧力から逃れようとした。しかし，さらに密度が高くなると手摺とボードの間の子供にも圧力がかかるようになり，親たちは子供を高く抱き上げ

＊4) ＊3) に同じ

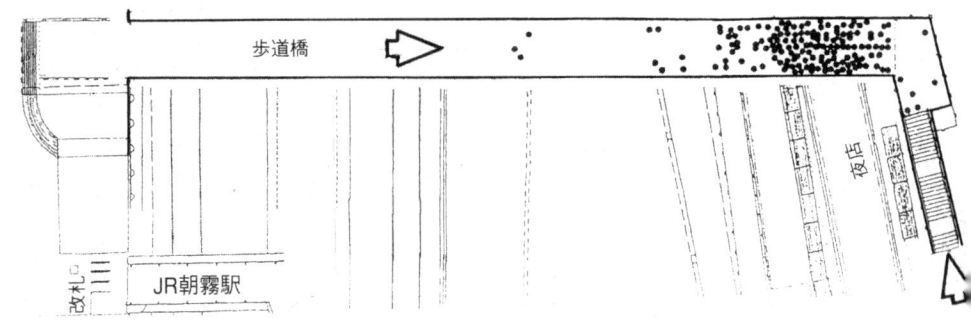

図 1-13　事故発生時の負傷者の位置
　　　　黒点は，事故が発生した時の負傷者の位置を示す。死亡者が出たのも黒点の集中しているところ（『事故調査報告書』より）。

たり，壁のボードに手をついてトンネルをつくり，子供らを必死に守った。だが結果として，そこも安全ではなかった。怒号や助けを求める声で地獄のようだった」

20：03　入場制限はできなかった

「陸橋上，人動かず。後から来るのをストップさせてくれ」との警備員からの連絡で，警備会社の隊長は地域官に「止めましょうか」と提案したが，「いま見に行かしている」とか「情報を取っている」との返事で，規制の許可は得られなかったという。

20：20　花火終了の直前

「花火が終わってしまうやろ，早く進め」などの声がかかり，会場に向かおうとする群集の圧力は大きくなった。一方，花火終了の10分前頃には帰ろうとして階段を上がる観客の動きが始まり，両方向からの押し合いで歩道橋の上は全く身動きできない状況になった。

20：30　倒れ込み発生

花火終了の直後，ようやく警察官の許可を得た警備員は，歩道橋の入り口で入場規制したが，観客からは「露店が閉まる」などの罵声を浴びせられたりして効果的な規制はできなかったという。警察官の協力がなかったからだ。

以下は事故に巻き込まれた人の体験談である。

「『何をしているんか』『前へ進まんか』という声。何度も押されて息

ができなくなり，足が宙に浮いて意識がなくなった」

「事故発生の直前には，つま先立ちから片足立ちになり，さらには両足が浮くようになって，失神する人もあった」

「足を上げると，もう下ろすスペースはなかった。後ろからガンと押されて倒れた。押し潰されて死ぬと思った」

「つま先立ちでまわりの人と一緒にせり上がるような格好で身体が浮き，次第に傾いて倒れ込んだ。頭の上から何人もの人がかぶさってきて息もできず，もうダメだと思った」

「キャーという甲高い女性の悲鳴が聞こえた瞬間，20数人が倒れたのをきっかけにして倒れ込みが始まった」

「前後に数回揺れた後，次つぎに倒れ始め，沢山の人が乗りかかってきて一番下になった。息ができず死ぬと思った」

「目の前でおばあさんが倒れ，その上を人が次々に踏んでいった」。

「足の下に真っ白な人の顔がみえ，ぞっとした」

「気を失ったが，頭を蹴られて気がついたら，上に10人くらいの人が乗っており，足の感覚がなくなってきた」

「足元をすくわれるように，仰向けで身体をくの字に倒れた。双方からの圧力で，三重にも四重にも重なって倒れた。十数人がが一気にというより，じわじわと倒れていった」

子供が下敷きになった

「身動きができない状態で，息子の姿が見えなくなったが，探すこともできない。足の上に人が乗っていて起き上がれない。ようやく起き上がって何人かを助け起こすと，その下に青い顔で息をしていない7才の息子を発見，口をつけて人工呼吸した」

「子供や小柄な人は押れて倒れ込み，その上に周囲の大人が覆いかぶさって下敷きになる。すると隙間ができて，支えを失ったまわりの人びとが次つぎに折り重なって倒れ込んだ」

「手摺の中の子供は押されて仰向けになり，大勢の人に乗られて死んだと思ったが，運び出されて何とか意識を取り戻した」

「4歳の息子に『じっとしとくんやで』と言い聞かせて安全と思った壁と手摺の間に入れた。強い圧力で内臓が飛び出しそうな感じ。足が浮いてスローモーションのように傾き，意識がもうろうとなって

図 1-14 事故発生場所の状況（1）
手摺が倒れ，持ち物が散乱している（事故調査委員会）

息子を見失った。倒れ込んできた何人もの人の下から，身体をひねって足を抜き，手摺の中の息子を見つけて救出しようと手を伸ばしたが，さらに強い衝撃で3〜4mはじき飛ばされた。折重なった人を助け起こすと，8, 9人目の男性の下に息子が横倒しになっていたが，眼は半開きで，顔は紫色であった」。

20：40　警備本部が初めて事故に気づく

「中がむちゃくちゃや，電話しても通じん。どないかせんかい」

これは本部に駆け込んできた中年の男の言葉である。警備本部が事故に気づいたのは，この時点だったという。

（2）事故発生の時刻と場所

倒れ込みは前後2回起こったようだが，何しろ混乱の中のことだから確かなことはわからない。事故発生の時刻は，聴取り調査などから20時45〜50分頃と推定される。最初に中規模の転倒事故が発生，続いて2回目の大規模転倒事故が起こった。その場所は歩道橋シェルターの南端

図 1-15 事故発生場所の状況（2）
親子のベビーカーが残されている（事故調査委員会）

から 5 m 付近である。

　2 回目の倒れ込みを目撃した人の話しによると，倒れた人の山は高さ 1.5 m，幅 5 m，奥行き 7 〜 8 m のオムスビ形だったという。この小山の面積は 20 〜 30 m^2 になる。この部分の群集密度は最高の 13 人／m^2 以上だったと思われるので，この面積に群集密度を掛けると，倒れ込んだ人数は 300 人〜 400 人だったと推定される。

　事故調査委員会の聴き取り調査による「転倒者の事故時にいた場所」をプロットしたのが図 1-13 である。倒れた人は歩道橋のシェルター部分の南端から北の方向に奥行 25 m，東西 6 m の広い範囲に分布している。そこから少し離れて，歩道橋の南端から 30 m あるいは 50 m 地点にも転倒者が見られるが，小規模な倒れ込みが別に発生していたと考えられる。

（3）　陥没型の倒れ込み

　現場で体験した人の話によると，倒れた時の状況は次のとおりであった。
　「四方八方から捻れるように倒れ込んだ」
　「5 人も 6 人もが折り重なった」
　「倒れた人の山が大人の高さはどあった」

「数メートルもはじき飛ばされた」

こうした話から今回の事故は発生のメカニズムからいえば，同一方向に人が倒れる「将棋倒し（ドミノ倒し）」ではなく「陥没型の倒れ込み」であった。「内部崩壊型の倒れ込み」といってもよい。「将棋倒し」とは，後方の人が前方の人を押し倒すと，倒された人がさらに前方の人を倒すといった形で，前の方に次つぎと転倒が波及していくことだが，今回は両足が浮き上がるほどの超過密状態のなかで支えあっていた群集のもたれあいが崩れて誰かが倒れると，そこに隙間ができるので，その空隙に向かってつっかい棒を失ったまわりの人びとが四方八方から折り重なって倒れ込むという状況であった。

「陥没型の倒れ込み」は円形または楕円形にひろがる。群集密度が少なくとも 10 人／m^2 以上の高密度にならないと，このタイプの「倒れ込み」は発生しないと思われる。

(4)「倒れ込み」発生の原因

このような「陥没型の倒れ込み」は通常，次のような条件において発生する。

1）過密群集の生成

前提条件の第一は過密群集の存在である。今回の場合，過密状態が生み出された要因としては次のことが考えられる。
① 歩道橋の幅員 $6m$ に対して階段の幅員は $3m$ しかなかった。
② 分断入場など有効な群集規制がなされなかった。
③ 歩道橋や階段の上で群集が立ち止まって花火を見始めたので，流れが止まった。
④ 階段の間近まで夜店が設営され，その付近に群集が高密度に滞留して観客が階段から降りるのを妨げた。

2）「せりもち状態」の成立

密集状態の群集は周囲からの圧力で互いに支え合っている。まわりから押されて身体が浮き上がるほどになるが，四方からの圧力は一応バラ

ンスしていて互いにもたれ合って倒れることはない。

3）密集の中の空隙

現場にいた人の話によれば

「子供がうずくまった後に転倒が始まった」

「子供が倒れた上に倒れ込んでしまった」

という。空隙ができると突っかい棒が外された状態になり，そこにバランスを失った周囲の人が倒れ込んだと考えられる。

過密群集の中の空隙が「きっかけ」になって倒れ込みが発生したとしても，空隙は「きっかけ」に過ぎないのであって，重要なことは危険な過密状態が成立すれば，「きっかけ」が何であろうとも倒れ込みが発生するのは避けられないということだ。問題は，なぜ危険な過密状態がつくり出されたかであって，なぜ空隙がつくり出されたかではない。

4）群集の圧力

空隙への倒れ込みを助長したのが「群集の圧力」である。倒れ込みに巻き込まれた人の話によれば，強い力で繰り返し押されたという。

（5）大事故になったのは何故か

明石花火大会は実質的に自治体が主催するイベントであって，しかも事故の起こった歩道橋は明石市道であり，警察には安全確保の責任があった。それにもかかわらず，大事故に至った主な原因は次のとおりである。

1）歩道橋には致命的な欠陥があった

A．橋の部分は有効幅6mで，この幅だと1秒間に9人，1時間では約3万2千人が通れるのに対して，階段部分の幅は3.2mで歩道橋の約半分しかないので，1秒間に4.5人，1時間に約1万6千人しか通れない。そのため，1時間当りでは約1万6千人の滞留が生じる。大勢の人が通る橋の出口で突然，幅が半分になっているのは常識では全く考えられない設計だ。

B．歩道橋の設計は1時間に7,200人が通るという海水浴客のピーク時の通行量を想定して行なったものだという。それならば橋の部分

を階段の幅と同じか，あるいは少し狭い程度にしておけばよかった。そうしておけば歩道橋の出口付近で群集が滞留することはなかったはずだ。

C. 歩道橋の両側面はポリカーボネートのボードを張った壁になっていた。ボードは半透明で外からは内部の様子はよくわからない。そのため，橋の上がすし詰め状態で大変なことになっていても誰も気がつかなかったのである。もし，普通の歩道橋のように壁のない手摺だけのタイプであれば，下からも様子が見えるので事故は起こらなかったのではないか。費用をかけて却って危険なものを造ったということになる。

2）危険性の認識がなかった

A. カウントダウンの教訓は生かされなかった

半年前のカウントダウンでも，かなり危険な状態になっていたのに，その教訓を生かすことなく，警察の責任者，警備会社，市の担当者いずれも歩道橋が危険だという認識がなかった。ここでいうカウントダウンとは，同じ場所で大晦日に行なわれたイベントである。この時は，歩道橋の上に約3,000人が滞留して身動きもできず，子供は泣き叫んで，まさに倒れ込み発生の寸前という危険な状態だった。*脚注5) それにもかかわらず死傷者が出なかったことから，これを成功体験ととらえたのではないか。

B. 有効な事前準備が行なわれなかった。

歩道橋の上にロープを張って通行を規制する案もあったらしいが，かえって危険だということで採用されなかったという。なぜ危険なのか理由はよくわからない。混雑がひどくなってから，ロープなどを使って規制しようとしても進入を止めるのはむずかしいことは，カウントダウンのさいの警備担当者の話しでも明らかである。

C. 歩道橋の上には警察官は一人もいなかった

---

* 5) 事故調査報告書および神田敏晶氏のレポート（インターネット）による．
神田氏は「明石の事故は起こるべくして起きた」として2000年12月31日の23：45からの状況を映像と子供の泣き声などの音声付きで生なましく伝えている．それによれば何のアナウンスも誘導もなく，警備員も歩道橋にはいれない状況であったという．

300人以上の警察官が出動していたのに，歩道橋の上には警察官は一人もいなかった。また，市役所の職員も何かあれば警備員から連絡があるだろうと考えて，歩道橋の混雑状況についての意識が働かなかった。
　このことに関しては，当時の兵庫県警察本部「雑踏警備実施要領」には基本方針として
「雑踏警備実施は主催者側の自主警備を原則とし，……」
という条文があった。
　このため警察は群集整理を主催者側の警備会社に任せてしまい，結果として歩道橋の上には警察官がひとりもいないという状況になったのであろう。なお，事故の後，兵庫県警察本部は問題の条文を削除したという。

3）夜店の位置は最悪

　階段の下から約13.5 mという近いところから市道の両側に184店もの夜店が並んで見物の群集が密集して階段の出口をふさぐ状態になり，歩道橋からの観客の流れを妨げた。これについては夜店の位置を変更する案もあったが，協議はまとまらなかったという。

4）進入規制をしなかった

　警備会社の警備員は事故発生のかなり前から，少なくとも前後4回，進入規制などを警察側に進言したが，実施されることはなかった。この件について具体的には次のとおりである。
　A．午後6時15分，警備員は入場規制の必要を感じ，警備本部に連絡したが，警察の許可がないと規制はできないといわれて断念した。
　B．午後7時頃，警察の責任者は署員数名を駅側に向かわせた。署員らは駅の構内や車道に人があふれている状況を確認したものの，
　　「歩道橋では流れがあり入場制限をすれば駅のホームから人があふれるので様子を見る」
　　として結局，入場規制はしなかった。
　C．午後7時45分，警備員より「橋の上の流れが止まった」との連絡があり，警備会社の隊長は

「今すいている内に強制的に通行制限することを許可してほしい」
　と要請したが、
　　　「花火が終ってからにしよう」
　との回答であった。
D. 午後8時03分、警備員より
　　　「陸橋上、人動かず。後から来るのをストップさせてくれ」
　との連絡があり、警備会社の隊長は地域官に「止めましょうか」と提案したが「いま見に行かせている」「情報を取っている」との返事で規制の許可は得られなかった。
E. 午後8時30分、朝霧駅にいた警備員は、歩道橋への進入を阻止しようとしたができなかったので、駅前にいた5人の警察官に
　　　「大変なことになっている。子どもが窒息しそうになっているから何とかしてほしい。助けてあげてほしい」
　と頼んだが、返答はなかった。

5）警備会社による警備の限界

　ある警備員は「子どもが窒息する。助けてくれ」と頼まれたが、動けない状態で、まわりの客から「警備員なんだから何とかしろ」と罵声を浴びせられ、殴られて負傷した。また観客に突き飛ばされ、身の危険を感じたという警備員もいたらしい。花火の終る頃、ようやく許可を得て駅側で入場規制を行なったが、観客から「夜店が閉まる」などの罵声を浴びせられ、警察官の協力もなかったので有効な規制はできなかったという。
　つまり警備員だけでは強制的に入場を止めるような規制は無理であって、こうした場合、権限のある警察官でなければ効果的な群集整理はできないのだ。これについて、ある警備担当者は次のようにいっている。
　　　「何の権限もない警備員としては、お客さんに対しては、お願いすることしかできない。もっと早く動いていてくれたらと思うと残念だ。あの光景は一生、忘れられない」

（6） 明石花火大会歩道橋事故と弥彦神社事件の比較

1）違うところ
① 明石は平面だが，弥彦は階段（石段）の上であった。
② 明石では群集の流れの方向は南行きが主流で，反対方向は少なかったが，弥彦では勢力のある2つの大きな流れが石段の上で衝突した。
③ 明石の被害者は子供が多かったが，弥彦では深夜だったため子供は少なかった。

2）似ているところ
① 明石では半年前にカウントダウンがあり，弥彦では前年の初詣で，それぞれ危ない状況があったにもかかわらず，それを教訓としないで成功例とみなし，どちらも事故防止のための有効な事前準備をしなかった。
③ いずれも内部崩壊による「陥没型」の事故である。「密集倒れ込み」といってもよい。ただし，弥彦神社では玉垣の倒壊という「破壊転落型」の要素もある。

1-3　日暮里駅事故

　　1952年（昭和27年）6月19日（水）
　　8名死亡，6名重軽傷

東京山手線の日暮里駅で起こった群集事故である。
　前日の深夜，上野駅の信号所で火災があってポイントの操作ができなくなったので，京浜東北線の上り電車を日暮里駅に臨時に停車させることにした。ところが午前7時頃，たまたま同じ京浜東北線で電車が故障して運転中止となり，上りの電車4本が途中で停まってしまったため，日暮里駅に臨時停車していた電車も発車できなくなった。
　梅雨時でもあり冷房などなかった時代だったから，ラッシュアワーをひかえて車内は暑苦しく，乗客の苦痛と不満の声が高くなった。そこで

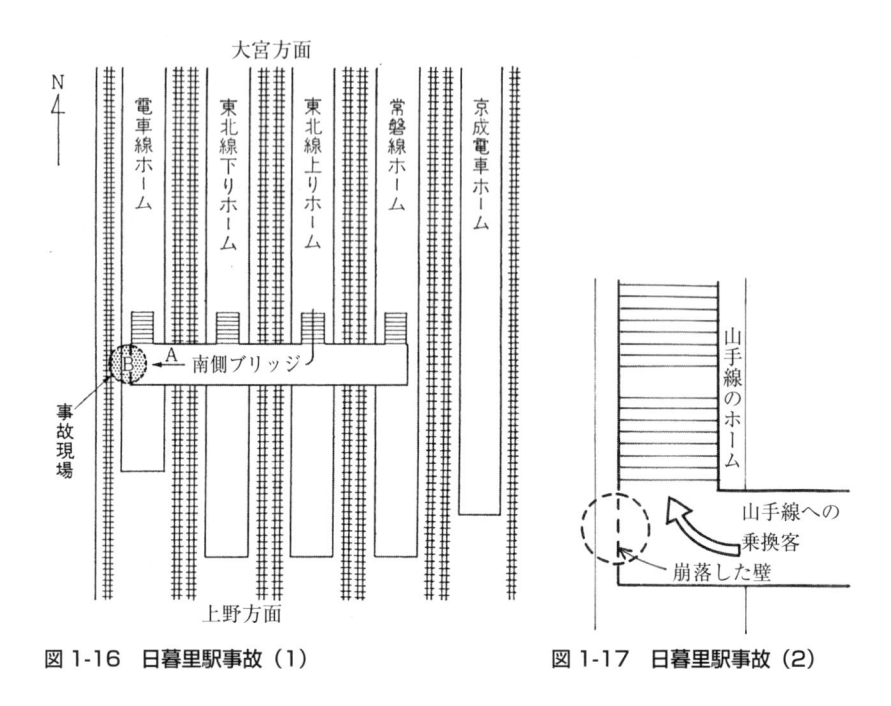

図1-16 日暮里駅事故（1）　　　図1-17 日暮里駅事故（2）

　駅の方では独自の判断で乗客を一旦，電車から降ろすことにしてが，アナウンスでこれを知った乗客は，動いていた山手線の電車に乗り換えようとして，山手線のホームに向かって移動し始めた．

　1952年（昭和27年）6月19日の早朝，午前7時40分過ぎ，日暮里駅に臨時停車した電車からの乗換客と，毎日この駅を利用している通勤客が跨線橋（陸橋）の上で合流，幅2.5 mの跨線橋は超満員のスシ詰め状態になり，ほとんど前に進まない状況になった．それでもなお，京浜東北線からの乗換客が押し寄せてきたため，跨線橋の突き当たりの壁に群集の圧力が集中，ついに7時45分頃，この部分の壁が崩落して十数名が7 m下の線路に落下，折悪しく通りかかった列車にはねられて6名が即死，8名が重軽傷という事故になった．

　この跨線橋ができたのは昭和3年で，古いレールと75 mm角の木材を用いて組んだフレームに18 mm厚の羽目板を張ったものだったが，使用したボルトのサイズも不十分で，しかも老朽化していたため，群集の圧

力に耐え切れなかったのだ.なお後日,負傷者のうち2名が死亡したので,この事故による死者は8名になった.

1-4 フライヤージム事故

1960年(昭和35年)3月2日
12名死亡,14名負傷
横浜公園体育館(通称フライヤージム)

1960年(昭和35年)3月2日,当時の人気歌手を集めた歌謡ショーの公開録音の際に起こった群集事故である.主催者は過去の経験から,発行した入場券の枚数のうち6割程度が来ると予想して定員5,500人に対し9,200枚の無料入場券を配布,公開録音は17時30分開場,18時開演を予定していた.

当初,入口は西口の1カ所だけと決めて,入場待ちの群集もその付近にかたまっていたが,16時過ぎには西口前の狭い広場に約5,600人が集まったので,主催者は入口を公園の広場に面した北中央口に急きょ変更,群集をそちらに移動させて2列に並ばせた.この時,入場券を持っていない100人ほどのグループが付近にたむろしていたという.

入口の変更で順番が狂ったため,行列している人びとからは不満の声が出て険悪な雰囲気になった.だが,主催者側は何も対応しないまま,定刻に2.2m幅の北中央口の扉を片方だけ開き,行列を絞るため,木製の柵を入口の前に設置,行列の前方から20～30人ごとにまとめて入場を開始した.ドアが開くと場内から聞こえてくる音に興奮した群集はタレントの名を叫びながら,いっせいに前方に殺到,そのため行列の一部が乱れた.

混乱の中で約40人が入場したが,次の組との間に10mほどの空きができた.この空いた隙間に20～30人の若い男女が整理員の制止を無視して割り込み,強引に入場しようとした.この連中は入口を北中央口に変更した時,行列を離れて入口付近にたむろしていたグループである.これがきっかけになって行列は完全に乱れ,群集が入口に殺到した.こ

図 1-18　フライヤージム事故

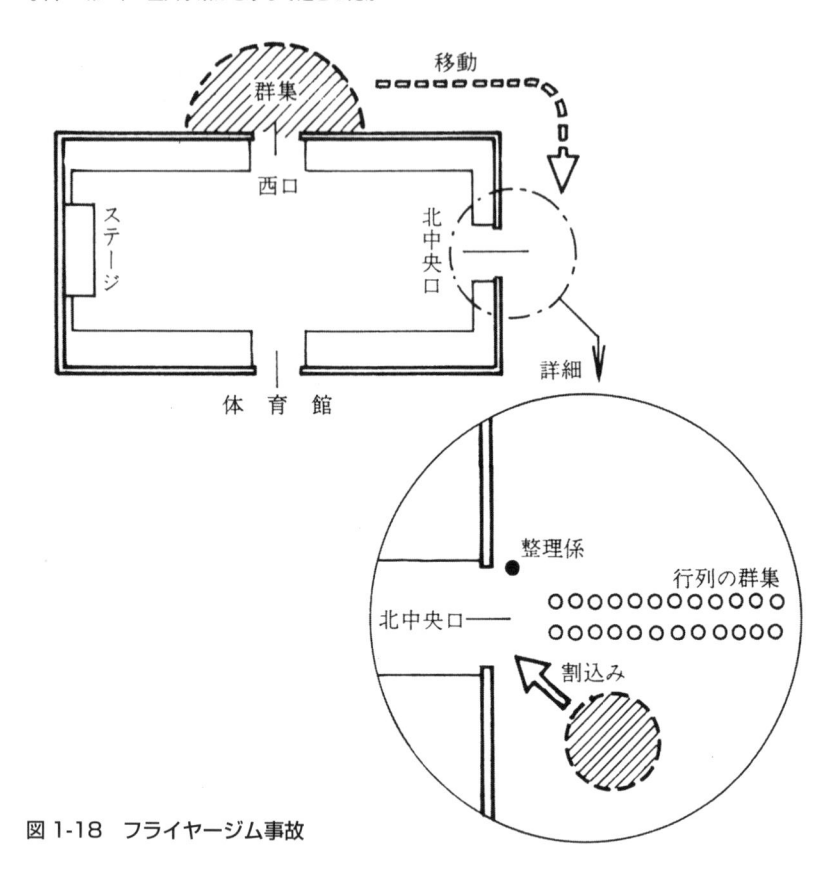

のとき前の方にいた子供連れの女性が入口の段差につまずいて転倒，そこへ後続の群集が折重なるようにして倒れこんで高さ 1.5 m ほどの人の山ができた．それでも興奮した群集は人の山を乗り越えて場内に殺到．その中で 12 人が命を失い，14 人が重軽傷を負った．殺到する群集の勢いはすさまじく，警備中の警官 5 人も跳ね飛ばされ，そのうちの 4 人が重傷という典型的な群集事故になった．

1-5　松尾鉱山小学校の事故

1961年（昭和36年）1月1日
10人死亡，10人負傷
岩手県岩手郡松尾村（現八幡平市）松尾鉱山小学校

　小学校で新年の祝賀会があり，そのあと学校の裏手にあった会館の映画会に向かう児童が校舎の出口に殺到し，一人が転んだことから将棋倒しになった群集事故である。松尾鉱山は主として硫黄を採掘する鉱山で，産出量では一時は東洋一といわれ，最盛期には住民15,000人，小学校は児童数1,800人以上というマンモス校で，校舎も立派なRC造だったが，石油の脱硫による安価な硫黄に押されて昭和45年には閉山，鉱山町は廃墟になったという。

　この村では新年の祝賀会が終ったあと，学校から300m離れた鉱業所内の会館で会社主催の映画会を開くのが慣例になっており，この年も元日の9時から祝賀会，10時から映画会を開くことになっていた。豪雪地帯のため校舎は雪に埋もれており，利用できる出入口は限られていた。

　9時40分過ぎ，祝賀会が終了。児童は定刻の10時までに会館に入ろうとして校門に近い西昇降口に殺到した。昇降口は幅1.6mの廊下の突き当たりにある階段を降りたところで，下足に履き替えるための簀の子が敷いてあった。階段の高さは2m，段数は10段，幅は廊下と同じ1.6

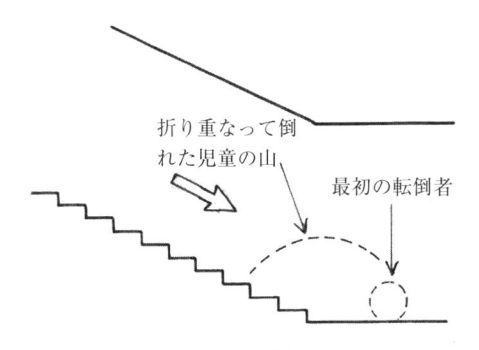

図1-19　松尾鉱山小学校事故

mで，蹴上の高さは小学校にしては大きめの寸法だったという．昇降口の内部は雪がこいのために暗くて，扉も雪の重みで片側の 80 cm しか開かなかった．

　昇降口に殺到した先頭の児童が靴を履き替えようと腰を屈めていたところへ，後続の児童が次つぎに押しかけ，腰を屈めていた先頭の児童の上に乗るような形になった．その児童がバランスを崩して倒れたため，それにつまずいて後続の児童も次つぎに折り重なるように倒れ込んだ．だが，こうした状況は後ろの方にいた児童にはわからなかったのか面白半分に，はしゃぎながら階段の上から飛び降りる者もあったという．

　騒ぎを知って駆けつけた教諭が倒れている児童を助け出したときには，すでに 10 人が呼吸停止，13 人が負傷していた．死亡した児童は，ほとんどが圧迫による窒息死で，中には首に巻いたマフラーに締められたまって者もいたという．

　この学校には 43 人の教諭が在籍していたが，正月の休みで大半が帰省中だったため，出勤していたのは 14 人で，映画会への誘導は行なっていなかったという．

1-6　サッカー場における 2 つの群集事故[脚注6]

(1)　ヘイゼルの悲劇 (Heysel Stadium Disaster)

1985 年 5 月 29 日
死亡者 39 名，負傷者 400 名以上
ブリュッセルのヘイゼル・スタディアム (Heysel Stadium)

　ベルギーの首都ブリュッセルにあるヘイゼル・スタディアムでリヴァプール (イングランド) 対ユヴェントス (イタリア) のヨーロッパチャンピオンカップの決勝戦があり，両チームのサポーターが暴徒化して衝突し，大惨事になった事故である．

---

[6]　世界大百科事典および Wikipedia 百科事典による．

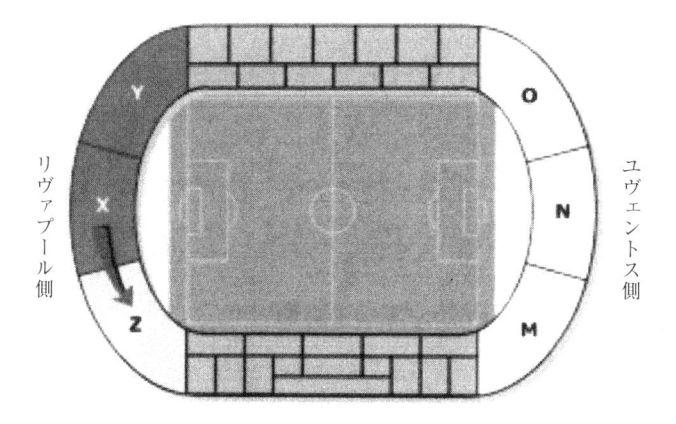

図1-20　ヘイゼルの悲劇となった観客の移動

　前日から多くのサポーターがブリュッセルに乗り込み，街なかでも気勢を上げて小競り合いもあったという．チケットの管理も不十分で，地元向けのチケットのほかに偽造チケットが闇のルートで大量に出回っていたため，観客席は超満員の状態になり，サポーター同士の衝突を避けるために設けられた緩衝地帯や相手側の席にも多くのリバプールサポーターが入り込んでいた．すし詰め状態に苛立ったリバプールサポーターは，酔っ払った勢いでビン，カン，爆竹などを相手側に投げ込んだり，フェンスを揺らしたりしながら，若干のゆとりがあったユヴェントス側の席に移動し始めた．
　そのうちにリバプールサポーターは暴徒化して仕切りのフェンスを破壊，両チームのサポーターが入り乱れての乱闘になった．壁やフェンスによじ登って逃げようとする観客もあり，またレンガの破片を投げつけるサポーターもいるなど，地獄のような有様であった．ベルギーの警察には事前に英国の警察から協力したいとの申し出があったというが，それを突っぱねていたため，フーリガンの扱いに慣れていない現地の警察は何もできず，ただ傍観するしかなかった．
　犠牲者39人のうち25人がイタリア人で，死因は密集による圧死のほか，フェンスや壁の下敷きになった人，投げつけられた物体に当たった人などもあった．この事件の後，イングランドのクラブは5年間，国際試合への出場を禁止された．

(2) ヒルズボロの悲劇（Hillsborough Disaster）

1989年4月15日
死亡者96名，負傷者200名以上
ヒルズボロ・スタジアム（Hillsborough Stadium）

「ヘイゼルの悲劇」の4年後，イングランドのシェフィールドにあるヒルズボロ・スタジアムにおけるリバプール対ノティンガム・フォレストの試合中に，96人が圧死，200人以上が負傷というサッカー史上，最悪の事故が発生した。

この当時，イングランドのサッカースタディアムではテラス（terrace）と呼ばれる立見席が多かった。チケットが買えないとか良いチケットを入手できない観客たちは立見席に詰め込まれ，酒をラッパ飲みしながら大騒ぎし，ときには暴れながら試合を観戦するのが常だったという。フーリガン対策のため，立見席は数カ所の区画に分けられ，鉄柵と有刺鉄線で仕切られており，それぞれの区画は家畜檻（pen）と呼ばれていた。

当日，たまたま交通事故があってリヴァプールファンの到着が遅れ，試合開始の直前にリヴァプールファンが一気に競技場になだれ込んだ。この混乱の中で場内管理にもミスがあり，5カ所あった立見席のうち2カ所に定員の2倍近い観客が誘導されてしまった。立見席1カ所の収容人員は1,600人程度とされているが，このときは1カ所に3,000人近くの観客が詰め込まれたという。

試合が始まった頃，すでに立見席の中では身動きができないほどだったが，後から到着した観客がさらに押寄せてきたので，人びとは息もできないほどになった。試合開始から5分ほどたった頃，鉄柵の一部が倒壊，この時点で関係者も漸く事態に気づいて試合は中断された。選手や観客の多くは突然の中止を不審に思ったが，死傷者が次つぎにフィールドに引き出されて来るのを目撃して色を失った。この事件の後，イングランドでは立見席は禁止され，観客全員が着席できるようになったという。

なお，フーリガン（hooligan）とは本来は乱暴者，無法者の意味だが，サッカーの試合では相手チームのファンを襲撃したりする暴徒を指す言葉だという。フーリガンは試合を見るよりも暴れるのが目的で，なかでもイ

ングランドのフーリガンは有名になり，サッカーと結びついてサッカー・フーリガニズムという言葉まで生まれた。この背景には，この国における若者の失業，差別，階級対立など複雑な要因があったという。

1-7　ラブパレード事故*脚注7)

2010 年 7 月 24 日　17 時頃
死亡者 21 名，負傷者 510 名以上
ドイツ西部のデュースブルク（Duisburg）

　野外音楽イベント「ラブパレード（Love Parade）」で会場に向かう通路のトンネル内で，引き返そうとする人と会場に向かう人びとが衝突して大勢の観客が転倒，多数の死傷者を出すという群集事故が発生した。デュースブルクはデュッセルドルフの近くで，人口は約 50 万人，ルール工業地帯の主要都市のひとつである。
　「ラブパレード」は 1989 年の壁崩壊の年，ベルリンで第 1 回目が開催され，テクノ音楽に合わせて踊り明かすというイベントである。当初は 150 人ほどの小規模なパレードだったが，しだいに大規模になり，最盛期の 1999 年にはサウンドシステムを積んだフロートと称するトレーラートラックが 30 台以上も集まり，大音響を流しながら「6 月 17 日通り」を移動して 150 万人もの参加者が踊りながら行進するという巨大な野外の祭典になった。
　しばらくはベルリンで続けられていたが，騒音と終了後の膨大なゴミ処理の問題もあってベルリン市は開催を拒否したため，2007 年以降はルール工業地帯の各都市持ち回りで開くことになった。だが，2009 年は人出の予想に対して駅の処理能力が不十分だという理由で中止。やっと 2010 年 7 月にデュースブルクでの開催が決まったものだという。
　会場は貨物駅の跡地で廃駅を改造した特設会場であった。会場の面積

＊ 7)「ルール地方よもやま通信」阿部成治（福島大学人間発達文化学類）および Wikipedia 百科事典より．

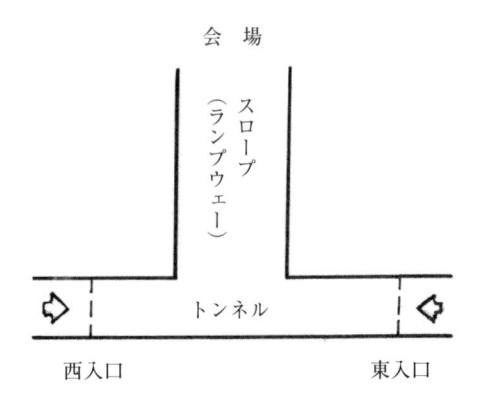

図1-21 ラブパレード事故の会場入口（模式図）

は23万m²で収容能力は約30万人だったのに対し，これをかなりオーバーする人が集まったとされている。会場へのメインルートは長さ200 m，幅20 mのトンネルであった。これは道路でいえば4車線以上に相当する幅だから，歩行用には十分な幅である。

　トンネルは東西に長くて東と西に入口があり，出口はトンネルの中ほどにあって，そこからランプウェーを通って会場に入るようになっていた。ランプを上がったところが会場で，フロートと呼ばれる移動舞台の通り道になっており，その周囲で参加者が踊ることになっていたという。フロートとは日本語でいう山車(だし)のことで，このパレードでは大型のトラックが使われていたらしい。

　当初は順調だった人の流れが悪くなってきたため，主催者側と警察はランプを閉鎖し，さらに東西2カ所のトンネルの入口にもバリケードをつくって群集が入ってくるのを止めようとした。だが殴り合いが起って結局，トンネルの閉鎖には失敗，群集は一気にトンネル内に進入した。一方，あまりの混雑で早めに帰ろうとした人びともいた。これについては退出を呼びかけるアナウンスがあったという話もある。

　この結果，入場しようとする集団と退場しようとする集団がトンネル内で衝突して身動きできない状況になり，圧死する人びとが続出したのであろう。

　現地では次のような点に問題があるといわれている。

図 1-22 ラブパレード事故直前の状況

① 入場者数は 70 〜 80 万人という予想に対し，実際の入場者数は 140 万人以上だとされている．その上，会場への入口はトンネルとコンクリートの谷間を抜ける通路が 1 カ所だけだった．市当局にはイベントをキャンセルすべきだという意見もあり，警察も危険を伴うと警告していたのに，それを無視して実施された．
② 警察官 1,900 人が動員されたというが，その配置と任務の分担はどうなっていたのか．
③ 誰がトンネル入口の閉鎖を決めたのか．また閉鎖に失敗したのは何故か．

ベルリンではラブパレードの会場は市街地で，付近に公園などがあり，混雑がひどくなると群集は周囲に拡散することができたが，ここの通路は閉ざされた空間で群集の逃げ場がなかった．これは明石花火大会の歩道橋とよく似た状況である．

1-8　カンボジア水祭り事故

2010 年 11 月 22 日　21 時半頃
死亡者 347 名，死者のうち 221 名は女性
負傷者 395 名（以上は 11 月 29 日の当局発表による）
カンボジアのプノンペン市トレンサップ川にあるペッチ橋の上

　雨季明けを祝うカンボジアの伝統行事「水祭り」の最終日であった。このペッチ島は川の中州を，カナディア銀行が開発したものでダイヤモンド島ともいわれ，祭りの期間中はコンサートや各種の興行が行なわれていた。事故が起こったのは，この島と市街地を結ぶ長さ 101 m，幅 7 m の小さな吊橋で，当時はライトアップされていた。
　事故の原因についてはいろいろな説が錯綜しているが，11 月 25 日の捜査当局の発表によると，吊橋が揺れたことがパニックを招いたという。プノンペンでは初めての吊橋だったため，吊橋が揺れることを知らない人が揺れに驚き，「橋が壊れる」とか「橋が落ちる」という声で群集が走り出したという話もある。
　事故調査委員会によれば，ペッチ橋の上には事故当時 7 〜 8 千人がいたという。その通りだとすれば，橋の面積は 700 m^2 ほどだから，橋の上の群集密度は 10 〜 11 人／m^2 で，全く身動きできなかったはずだ。現場にいた人の話では，将棋倒しなどという生易しいものではなく文字通り人の山で，その上を群集が走り，50 人ほどは川に飛び込んだが，ほとんどが溺死。舟が遺体を手当たりしだいに引き上げていたという。
　群集の整理は民間の保安会社が行なっており，警察の到着は事故発生から 1 時間半たった頃だった。事故発生の現場に警察官がいなかったというのは，国の内外を問わず，ほとんどの群集事故に共通する状況である。

第2章
群集事故のタイプと発生要因

◉

2-1……巡礼の道
2-2……野外のイベントにおける群集事故
2-3……野外における事故の要因
2-4……屋内のイベントにおける群集事故
2-5……児童・生徒にかかわる群集事故

2-1　巡礼の道

　　251 人　　1904 年 1 月 1 日
　　362 人　　1906 年 1 月 12 日
　1,426 人　　1990 年 7 月 2 日
　　270 人　　1994 年 5 月 23 日
　　119 人　　1998 年 4 月 9 日

　この数字は，イスラム教の聖地サウジアラビアの「メッカ」において群集事故で死亡した巡礼者の人数と事故発生の日付である。それも1990年以降における大事故だけで，その他の小事故については数え切れないという。*脚注1)

　サウジアラビアの「メッカ」には毎年，イスラム暦の 12 月 7 日から 13 日の間に 300 万人という膨大な数の巡礼者が集まる。巡礼者は白い布を着て「カーバ神殿」のまわりを反時計回りに 7 回まわったのち，定められたルートで聖地を巡拝する。カーバ神殿は約 15 m 角の立方体に近い箱状の建物だが，イスラムは偶像崇拝をかたく禁じているから内部には何もないという。*脚注2)

　御神体は神殿の壁にはめ込まれた黒曜石で，昔は月の隕石と信じられていた。アッラーは月の女神ということで，この石に触れると最高の幸運を得るとされる。神殿の礼拝が終ると，続いて郊外にある悪魔の石柱に石を投げるなど，定められた行事がある。

　だが大群集にとっては，その間の移動の経路も安全ではない。メッカに通ずる道路にはゲートがあって異教徒は厳しくチェックされ，現場に立ち入ることができないため詳しいことはわからないが，1,426 人という最大の犠牲者を出した 1990 年の事故は，巡礼ルートの途中にある歩行者用のトンネルで発生したものだった。停電のためエアコンが止まり，

---

*1) Wikipedia 百科事典による.
*2) 吉村作治監修「コーランの世界」光文社，1988 年．出典「国立民族学博物館」
　　『季刊民族学』No.81，財団法人千里文化財団，1997 年，大塚和夫「メッカ巡礼―その歴史と現在」エンカルタ総合大百科

照明も消えてパニック状態になり，酸欠と高温が犠牲者を増やす原因になったという。

このトンネルは長さ 500 m，幅 20 m だったというから，面積は 1 万 m^2 だ。この中を群集が歩いていたとして，密度を低目の 3 人／m^2 と仮定しても，3 万人が逃げ場のないトンネルの中にいたことになるから，パニック発生の条件はそろっていた。

また，インドのヒンズー教寺院では，しばしば群集事故による死者が出ている。最近の例だけでも，2008 年 8 月 3 日に南部のサバリマラ・アイヤッパ寺院で 145 人，2010 年 9 月 30 日には北部の寺院で 80 人，2011 年 1 月 15 日には南部ケララ州の寺院で 102 人がそれぞれ死亡したという。

だが，神殿や寺院などへの道は聖地であり，そこで亡くなった人たちにとって，巡礼の道は天国への道だったかもしれない。

2-2　野外のイベントにおける群集事故

（1）橋からの転落

1）永代橋の崩落

　　　1807 年（文化 4 年）8 月 19 日
　　　死者，行方不明 1,500 人以上
　　　江戸永代橋

「永代のかけたる橋はおちにけり きょうは祭礼　あすは葬礼」
これは今から約 200 年前，永代橋が落ちたとき太田蜀山人（南畝）が詠んだ狂歌である。

深川八幡宮（現富岡八幡宮）で 11 年ぶりの大祭があったときの事故である。祭礼の行列が橋を渡り始めると，群集が橋の西詰めと東詰めから殺到，橋の中ほどで衝突して身動きが取れなくなった。橋は群集の重みで中央部から崩落したが，橋の両側から押し寄せる人びとの動きは止まらず，その圧力で人の落下が続いた。

死者は奉行所の発表で 440 人，実際には 900 人で行方不明者を含める

図 2-1 永代橋の崩落（永代橋危難記）

と 1,500 人以上という大惨事になった．死体は品川沖まで流されたという．群集に起因する事故としては史上最大の犠牲者数である．この話は歌舞伎や古典落語にも取り入れられている．この橋は長さ 110 間（約 200 m）幅 3 間（約 6 m）で，当時では最大規模の橋だったという．

2）両国橋の崩落

　　1897 年（明治 31 年）8 月 10 日
　　十数名死傷
　　東京両国橋

　この橋は隅田川に二番目に架けられた橋だったが，当日の花火大会で群集の圧力に耐え切れず，10 m に渡って橋の欄干が崩落，十数名の死傷者を出した．なお，この橋は木造だったので，1904 年（明治 37 年）には鉄橋に架け替えられたという．

3）万代橋花火大会の事故

1948年8月23日
死亡者11名，負傷者29名
新潟市万代橋

　第二次大戦後，間もない頃の事故で，群集の圧力により橋の欄干が崩落して11人が死亡，29人が負傷した。ここでは毎年8月，現在の「新潟まつり」にあたる信濃川の川開きに大掛かりな花火打ち上げの行事を行なっていたという。この年はとくに新潟港開港80周年記念の花火大会で，万代橋は絶好の場所だったこともあって見物の群集が橋の上でひしめき合っていた。

　橋の上では整理の警官と青年団が等間隔に並ん群集に立ち止まらずに前に進むように指示していたが，その指示は徹底されず，立ち止まって見物する人も多かった。呼び物だった花火の打ち上げが始まると，群集は警官の制止を振り切って花火がよく見える橋の欄干に殺到，少しでもよい場所を取ろうと押し合いが続いていた。突然，大音響とともに幅40mにわたって欄干が崩落し，約100人が川の中に転落した。

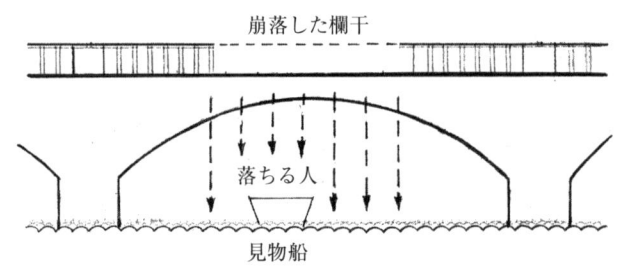

　川の上には見物の船が集まっていたが，船に乗っていた見物客は突然，落ちてきた群集と橋の部材に直撃され，船の中でも大混乱になった。川に落ちた人の中にも溺れる者が続出，河口まで流された人もあったようで，海上保安庁と新潟水上警察署が捜索を終えたのは事故発生から3日後の26日になったという。＊脚注3)

図2-2　万代橋花火大会の事故（阪井由二郎作成）

＊3）昭和35年7月15日，巻簡易裁判所判決文ほかによる．

（2）「桜の通り抜け」における事故

1967年4月22日
1名死亡，27名負傷（男性7名，女性20名）
大阪市北区大阪造幣局

　大阪市北区天満にある大阪造幣局の「通り抜け」で，花見客が閉門まぎわに殺到して1人が死亡，27人が重軽傷を負ったという花見の群集事故である。

　大阪造幣局を南北に貫通する延長560 mの通路は両側に植えられた牡丹桜の並木（平成22年の本数は127種354本）が有名で，花見のシーズンには無料開放されるが，通路幅は狭いところで約5 mしかない。放置すれば大混雑になるので，南から北への一方通行で通り抜けるように規制されることから「通り抜け」といって親しまれている。期間は1週間で，門の開放は9時から21時までとされていた。見物の人数は期間中の合計で，多い年は100万人以上になり，しかも土曜，日曜は平日の約2.5倍の人が押しかけるというのが例年のパターンである。事故発生の当日も土曜日だったので，総入場人員は約20万人と多かった。

　警察は機動隊員約100名を含めて合計200名以上の警察官を配備，入口になる南門の脇には詰所を設置し，混雑した時の群集密度を4人／m^{2}と想定して入場者を規制，21時には構内から群集を排除するため20時35分には門を閉じることにしていた。当日は土曜日ということもあって家族連れや子供が多かった。

　事故当時，現場周辺には約5,000人が滞留，20時ごろ閉門が近づくと混雑が激しくなり，門の近くには多くの人びとが集まっていたが，警備側は予定どおり20時35分には南門を閉鎖した。しかし後続の群集は門の外側に滞留して群集密度が高くなってきたので20時50分頃，危険と判断，群集を寸断しながら入場させるため門の手前20 mにロープを張って南門を開放した。すると群集はロープを突破して殺到，約30名の機動隊員が押し戻そうとしたが失敗し，群集が構内になだれ込んだ。このとき最前列にいた女性が転倒，次つぎに後続の群集が折り重なって倒れ込んだ。この間，酔っ払いもいて面白半分に騒いでいたという。

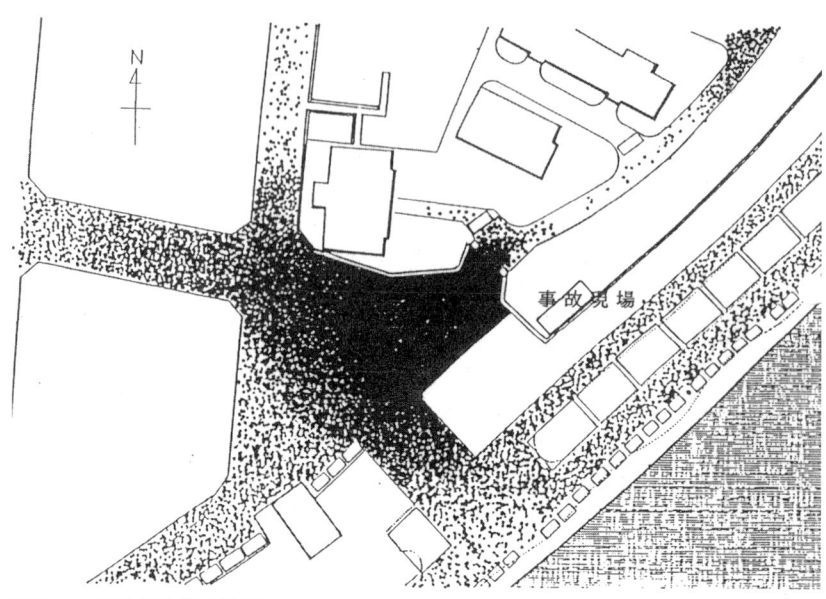

図2-3 事故発生時の状況
20時50分頃……警備側が危険と判断，群集を寸断させながら入場させるために門の手前20mにロープを張って南門を開放．しかし群集はロープを突破して殺到，機動隊員約30名が制止し押し戻そうしたが失敗，構内になだれ込んだ．この時，最前列の女性が門から約2mの地点で転倒，次つぎに後続が折り重なって倒れた．その間も酩酊者が面白半分に騒いで事故の混乱をあおった．
（阪井由二郎作成によるもので，概略の状況を示す）

　事故発生後，機動隊員が殺到する群集を制止しながら負傷者を救出したが，死亡者1名，重軽傷者27名という結果になった．死因は胸部圧迫による窒息死である．重軽傷者には幼児から60歳代以上の各年代が含まれていた．

(3) コンサートにおける群集事故

1) ラフィンノーズ（Laughin Nose）事故

　　　1987年4月19日
　　　3人死亡，26人重軽傷
　　　東京都千代田区日比谷野外音楽堂

これはロックコンサート中に観客がステージ前に殺到して将棋倒しになった事故である。

2）生駒山ロックコンサートの事故

　　1999年8月28日
　　11人負傷（女性10人，男性1人）
　　奈良県生駒市菜畑町上「スカイランドいこま」

　生駒山の上にある遊園地「スカイランドいこま」の野外ステージでロックコンサートがあり，詰めかけた高校生らが総立ちになってステージ前に殺到して，約40人が将棋倒しになった。そのため最前列にいた女性が舞台前の鉄柵（高さ約1m）に挟まれて足の親指を骨折するなど，計11人が打撲傷を負った。

　会場の敷地は約 $1,500m^2$，収容人員は2,000人で，芝生の観客席はステージに向かって低くなるような緩い下り勾配の斜面になっており，ステージと客席の間は，奥行き2mの低木の植栽と鉄製の柵（高さ80cm，幅約20m）で仕切られていた。

　コンサートには高校生に人気のあるバンドが出演するということで，前日から徹夜で開場を待つファンもいた。観客は約1,500人で，主催者側のスタッフや警備会社のアルバイト約20人（一説では40人）が警備していたという。

　午後1時，演奏が始まった直後，芝生席に立上がっていた観客が前方に殺到して1人が転倒，下り斜面だったので前の方にいた人たちは押されて次つぎに倒れ込み，仕切りの柵も幅15mにわたって倒された。「痛い，痛い」という悲鳴で会場は騒然。2列目にいて押し倒された高校生は
　　「前の方まで人が詰めかけていたので大丈夫かと心配だった。倒れた
　　時は人に挟まれて身動きできなかった」
という。また，事故に巻き込まれた女子高校生によると
　　「開演前からすごい盛り上がりで，1曲目の演奏が始まってすぐに男
　　性が舞台に向かって走り，つられるように多くの人が動いた」
という状況だったらしい。

（4） スポーツ施設における群集事故

1） 甲子園球場での事故*脚注4)

　　　1979年3月29日（木）　7時15分頃
　　　小学生2名死亡
　　　西宮市甲子園球場の入場券売場

　球場の入場券売場において小学校5年生と6年生（いずれも男の子）が死亡し，3人が負傷した。この日は選抜高校野球の3日目で春休み中でもあり，優勝候補の4校が揃うことから超満員になると予想されていた。これに対して警備要員は，警察官，球場職員，ガードマン，学生アルバイトなど合計約270名が予定されていたが，その大半は午前7時30分以後に配置につくことになっており，事故発生のとき現場にいた警備担当者は数名にすぎなかった。

　午前5時頃……すでに約5,000人が内野入場券を購入しようとして参集。その後，急激に増えて6時半頃には国道43号線の高架下広場は群集であふれた。発売の窓口2カ所に対して行列は横に拡がっていたので，警備員は「2列になって下さい」とハンドマイクで呼びかけた。それを聞いて群集は内側に入ろうとして押し合いを始めたが，後ろの方では警備員の呼びかけなどは聞こえず，前方の騒ぎを「発売開始」と勘違いして窓口の方に殺到，高架下にいた群集のほとんどが参加して大混乱になった。

　6時50分頃……現場にいた人の話によると
　　「身体が浮き上って足は地面から離れ，下に落ちた鞄，水筒，カメラなどがあると，それに足を乗せて息をつくという状態で，高架下の広場から窓口までの広い範囲で悲鳴や叫び声が響いた」
　という。

　7時10分頃……内野指定席入口付近の群集の一部が突然低く落ち込み，そこを中心してスリ鉢状に周囲から倒込んでいった。

　7時20分頃……折重なった人びとの下から意識のない子供が救出され，

＊4） 阪井由二郎「事例分析による群集事故の研究」大阪大学修士論文（1986年）による．

警備員が抱きかかえて群集の外に運び出したが，混乱は収まらず「早く売り出せ」などと叫ぶ声が続いた。

　事故の原因については，球場側の説明では
　「はぐれた子供を呼ぶ親の声を発売開始と勘違いした」
からだという。だが，事故の起こる30分以上前から混乱が始まっていたのに，有効な手を打たなかったのは整理担当者の責任だとする見方もある。

　古いことだが，この球場では1999年4月24日，プロ野球の阪神読売戦において2名が死亡，47名が重軽傷という群集事故が起こっている。

　さらに1983年には，アイドルによる野球イベントが終了した後，球場周辺の路上でアイドルが乗っていると勘違いしたクルマにファンが殺到して女子高校生1名が死亡，9名が負傷という群集事故があった。

2）その他のスタジアムなどでの事故

ほかの球場でも過去には次のような事故があった。

① 神宮球場（1948年11月4日　2人死亡，26人負傷）
　　これは内野席の入口で入場待ちの行列に数人が割り込んだために発生。
② 県営宮城球場（1950年5月5日　3人死亡，25人負傷）
　　一塁側入口で，観客がよじ登っていたフェンスが倒れ，そこに群集が殺到して発生。
③ 中日スタジアム（1951年8月23日　3人死亡，358人負傷）
　　火災が発生したため，逃げようとした群集が観客席とグランドを仕切るフェンスに殺到。宮城球場と同様にフェンスが倒れて事故になった。なお，宮城球場と中日スタジアムの事故は，フェンスが倒れたという点ではイングランドにおけるサッカー場の事故に似ているが，この場合，攻撃的な群集によるものではない。

2-3　野外における事故の要因

(1)　事故発生の場所

　事故発生の場所として圧倒的に多いのは会場までの経路と入口付近であって，会場の内部は少ない。会場の入口で事故が起こった事例としては，前記の「弥彦神社事件」，「明石花火大会歩道橋事故」，「ラブパレード事故」などが典型である。これらはいずれも入口にあたる場所で，入ろうとする集団と出ようとする集団が正面衝突の形で押合いになり，弥彦では124名，明石では11名，ラブパレードでは22名が死亡した。
　「桜の通り抜け事故」は2つの集団が衝突したわけではないが，入口で死亡者が出る事故になった。
　一般に事故発生の可能性があって，危ないと思われるのは次のような場所である。イベント開催など，事前の安全対策には十分の配慮と検討が望まれる。

1) 橋の上
　古くは「永代橋の崩落」に始まって「両国橋」，「万代橋」，「明石花火大会歩道橋事故」から最近の「カンボジア水祭り事件」に続く多くの事例がある。「日暮里駅事件」も駅の構内だが橋の上であった。スロープの設置や歩行誘導の安全対策が必要である。

2) 階　段
　124名が死亡した「弥彦神社事件」でも犠牲者のうち，かなりの部分が石段の途中で倒れている。神社や寺院には階段が多く，中には急勾配のものもある。祭礼などの折には多数の参拝者がこれらの階段を利用することになるので安心はできない。

3) トンネル
　1,426名という，群集事故としては最も多くの死者を出した「メッカ巡礼」の事故はトンネルの中だったという。「ラブパレード事件」もトン

ネルと，それに続くスロープで起こったものだといわれている．このスロープもコンクリート壁に囲まれたトンネル状の通路であった．

　以上のうち橋の上とトンネルは，一度はいると何処にも逃げ場がないところが共通している．これが一般の市街地と違うところである．また時間帯による照明設置や避難や方向指示などの案内設置も重要である．

(2) 花火大会における事故発生の要因

　最近は全国の100カ所以上で花火大会があって，それぞれ数十万人以上，多いところでは100万人以上の人出があるという．花火打ち上げの場所は川や海岸が多いが，これは水面にはえる花火が最も美しいからであろう．そのせいか見物の場所としては橋の上とか堤防は人気があり，とくに橋の上は最高で，打ち上げが始まると見物人は立ち止まって動こうとしない．そのため，橋の上には群集がひしめき合い，ついには群集の圧力で欄干が崩落，群集も一緒に転落する．「両国橋」も「万代橋」もこのケースであった．したがって，群集が橋の上で立ち止まらないように強く規制しなければならない．

　また，会場に行くための経路に問題があると危ない．明石花火大会では海岸に降りる通路に大きな欠陥があったのに，それに気がつかず，有効な事前の準備が何ひとつなかった．そのために重大な事故になったのである．

(3) スポーツ施設における事故発生の要因

　スポーツの競技には屋内で行なわれるものと屋外でのものとがあるが，スポーツ施設における事故のほとんどは屋外の運動競技場で発生している．屋外の運動施設における事故は，現象としては集会施設の場合に似ている．つまりグラウンドはステージにあたるのであって，ホールなどのステージ前に該当するのは観客席の最下段で，その付近での事故が多い．とくに「県営宮城球場」や「中日スタジアム」のように，フェンスが倒れるという事例の多いのが目につく．

　日本の球場は最大で約4万人だが，これ以上のものは造らない方がよ

いのではないか。観客席を両サイドに分離するのは当然であろう。

2-4　屋内のイベントにおける群集事故

(1)　大阪劇場の事故

　　　1956年1月15日　8時45分頃
　　　圧死者1名，負傷者9名
　　　大阪市南河原町大阪劇場

　この劇場で有名歌手の実演があったとき，劇場の前で10名の死傷者が発生した。劇場側では多数の来場者に備えて早朝から行列整理のための柵を設けてロープを張り，2つの出札口を先頭にこの柵とロープの間に二列に並ばせていたが，時間とともに行列は伸びて行き，午前8時半の開場時刻には延々200m以上の長さになった。出札が始まったが，窓口は2カ所しかなかったので行列は遅々として進まなかった。そのとき突然，誰かが行列の中に死んだヘビを投げこんだため，付近の人びとは悲鳴をあげて前後左右に逃げた。これによって行列の間に隙間ができ，そこへ後読の者が殺到して転倒者が発生，将棋倒しになった。

(2)　豊橋市立体育館の事故

　　　1982年10月16日（土）
　　　死亡者1名（15歳の女子中学生）
　　　負傷者5名（14～18歳代）

　開場を待っていた群集が警官の制止を振り切って入口に殺到，十数人が段差につまづいて転倒し，死者，重傷者各1名という群集事故である。この体育館の定員は7,000人で，事故があったのは正面入口の外側，入口の手前6mのところに5cmの段差があり，建物の前は広場でロータリーになっていた。イベントは市が主催する「豊橋まつり」の行事で，人気

タレントが出演，入場は無料で5,500枚の入場券が配布されていたが，すべて自由席で先着順であった．

整理要員は警察官22名，豊橋市の職員40名，アルバイトの学生50名，警備5名の総勢117名という大人数で，全員が入口前で群集整理にあたった．入場の方法は入口から約30mの場所に観客を4列に並ばせ，先頭から10名ずつのグループに分けてロープで囲い，入口に警察官2名が誘導するものとし，そのためロープで通路をつくって割り込みを防止するという方針であった．集まった観客の総数は約1,000人，ほとんどが10代の男女だった．

観客が並び始めたのは何と開演3日前の13日夕方からで，16日の朝には180名，正午には約800名となった．当初は係員の指示通りにロープの前に4列に並んでいたが15時30分過ぎ，突然，行列が崩れ，入口に向かって動き始めた．警備員がハンドマイクで警告，制止しようとしたが，行列は乱れてダンゴ状になった．16時頃，予定通り入場を始めた時，ロータリー付近にたむろしていた500人ほどが係員の制止を振り切って入口に殺到した．

この混乱で正常な入場が困難になったため東側の入口を閉鎖したが，これで行き場を失った群集は，東側の入口が再び開放されることを期待して押合いを続けた．16時5分頃には反対側の西側の入口が開かれたため，東側で押し合いを続けていた群集は西側に殺到，その中の一人が圧力に耐えられなくなって入口前の段差付近で失神して倒れ，それにつまづいて十数人が将棋倒しになった．

(3) 場外馬券場での事故

1995年12月24日（日）
負傷者8名
大阪市北区の場外馬券場「ウインズ梅田」

事故が起こったのは，第40回有馬記念のレースが行なわれた日である．エスカレーター（幅1.2m，長さ9.6m）で将棋倒し事故が発生，男性5人，女性3人の計8人が下敷きになって負傷，3人が入院した．うち男

性1人は重傷であった。

事故はレースの終了直後，帰る客がエスカレーターに殺到して1人が転倒したのをきっかけにして次つぎに折り重なって倒込むという状況で起こった。負傷した男性によると

「エスカレーターの下で何人かが倒れているのを見て，あわてて逃げようとしたが，降りてくる人に押されて倒れた。生きた心地がしなかった」

という。また，別の女性は

「人がたまって危ないなあと思っていた。途中で人に押され，何が何だかわからない中に下敷きになっていた」

という。

事故当時，この売場には普段の日曜日の1.5倍，約5,600人が詰めかけ，身動きもできない状態だったが，館内で整理や誘導にあたる整理員は，いつもと同じ人数で約30人であった。

また同じ日の午後4時10分頃，札幌市中央区の場外馬券場「ウインズ札幌」の下りエスカレーターでも，客が次つぎに将棋倒しになり，女性客が鎖骨を骨折，別の女性客が足首を強打して入院，4人が腕などに軽傷を負った。

（4） 屋内のイベントにおける事故発生の要因

群集事故を起こしたイベントの種類は，音楽・演劇・映画などの芸能関係が最も多い。イベントには屋外型と屋内型があるが，群集の性格は催物の種類によるのであって，施設の種類によって決まるのではない。以前は，開場の際に事故が起こることが多かったが，1974年以後は開演中の事故が多くなり，開場時の事故は少なくなった。これはプレイガイドやインターネットの普及などによって当日までに客席の大部分が指定されている場合が多く，観客にとっては先を争う必要がなくなったからだ。逆に同じ頃から開演直後の事故が増加した。これはロック系の激しい動きを伴うコンサートが増えたことにより，かつては座って静かに鑑賞していたものが，開演の当初から立ちっぱなしで全身で反応するようになったからであろう。

終演の直前に発生する事故の主な原因は，アンコールでスキンシップと称して出演者がステージ前の観客と握手などを行ない，そこに観客が一斉に殺到するという現象があるからだ。このような形での事故は，出演者が人気タレントなどの場合が多い。

　終演後の事故は，出演者の退出をねらってファンが待ち伏せをすることから発生する。終演直前の事故は出演者が観客に近づくのに対して，終演後はファンが出演者に触れようとして熱狂することによって事故が起こる。

　このようなタイプの事故について，発生のプロセスを要約すると次のとおりである。
　① 興奮したファンが舞台あるいは出演者に向かって殺到する
　② 途中で押し倒されるか，何かにつまずくかして転倒する
　③ 舞台と客席の間で押合いが起り，内部崩壊型の倒込みが起る
　④ 舞台前の仮設の柵が倒れて，その上に群集が折り重なって倒れ込む
　なお，このようなイベントで事故にあうのは10代の女性が多い。したがって，この年代の女性を対象とする催物では，事故防止を最大のポイントとして群集整理を行なわなければならない。

2-5　児童・生徒にかかわる群集事故

　前章で述べた松尾鉱山小学校の事故のほか，次のような事例がある。

(1)　SABホールの事故

　　1971年12月24日（金）
　　重傷者9名（12歳〜14歳），軽傷者24名
　　大阪市中之島の新朝日ビル「SABホール」

　このホールはビルの地下1階にあって，事故が発生した入口の階段は幅2m45cm，段数は26段で勾配も比較的ゆったりしたものであった。入場は会員証を持つ小中学生に限られ，会員証をチェックする係の女性が2名，誘導のためにテレビ局の社員1名とアルバイトの学生2名がい

たが，事故発生のときは現場にいなかった。集まった人数は約650名で，13時過ぎには地上の歩道に60mの行列ができていたが，この段階ではトラブルはなかった。

　混乱を防ぐため約30名ずつに区切って会員証を確認しながら入場させようとしたが，後続の小中学生が列を乱して階段に殺到。そのとき階段の下には警備員はいなかった。小中学生は階段を駆け降りてホールに向かい，警備員がメガホンで制止しようとしたが，効果はなかった。

　近くのテナントの従業員が騒ぎを聞いて駆けつけ，先頭の集団に体当たりして群集を支えていたが，とうとう支えきれなくなって約50名が倒込んだ。

（2）　新川小学校の事故

　1979年2月5日（月）
　1名死亡（死因は脳内出血）
　愛知県西春井郡新川町新川小学校

　小学校で朝礼の後，昇降口で児童が転倒して，1名が死亡した。事故が発生したのは西側校舎の北昇降口である。ほかに東側と南側に昇降口があるが，増築工事のため閉鎖されていた。北昇降口には，入ったところに下足棚があった。昇降口の幅は1.4m，床はコンクリート（たぶんモルタル塗り）で，出入口の幅は75cm，外壁は塗装工事中だった。

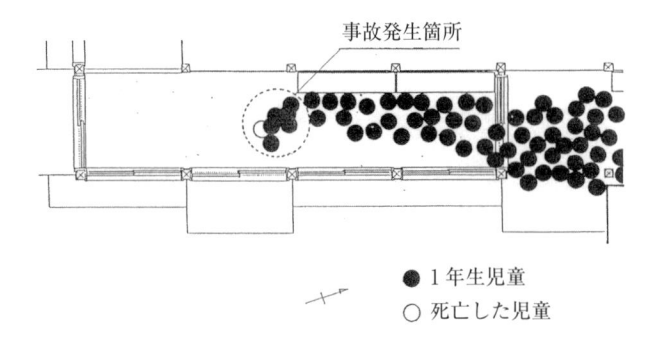

図2-4　新川小学校の事故（阪井由二郎作成）

事故発生の当日は，午前 8 時 40 分頃，朝礼が終って数百人の児童が昇降口に殺到，先頭にいた児童が靴を履き替え，教室に向かって走り出したが，そのとき一人が他の児童と足がもつれて転倒。後続の児童もそれにつまずいて将棋倒しになった。

(3) ツインタワーのエスカレーターにおける事故

1997 年 10 月 2 日
32 名負傷
大阪市中央区城見町「大阪ビジネスパーク」

　超高層ビルのエスカレーターで，2 階の電気科学館に見学に来ていた小学生 164 人のうち約 60 人が将棋倒しになり 32 名が負傷，うち 1 名が左足の骨折で入院した。児童は 3，4 年生で 1 階から 2 階に上がるエスカレーターに乗っていたが，はしゃいでいた先頭の児童が 2 階に着いたのに気づかず，つまずいて前のめりに倒れたところに後ろから上がってきた児童が次つぎに折重なって転倒。上から落ちてきた友達の下敷きになった 3 年生の児童の 1 人は「目の前が急に真っ暗になった。下敷きになって重くて動けなかった」という。

　引率の教諭は 7 名いたが，その 1 人によると「エスカレーターの真ん中ぐらいまで来たとき，上の方から子供たちが次つぎに落ちてきた」という。エスカレーターは 800 型という踏板の幅約 60cm という狭いタイプで，大人は 1 段に 1 人ずつしか乗れない構造だが，児童らは 2 人ずつ乗って身動きもできない状態だった。ビル側では，幼稚園児が見学するときは安全に配慮して階段を利用するようにしていたが，この日は小学生だったため，ビル側と学校側が協議した上でエスカレーターを使うことにしたという。

(4) 児童・生徒にかかわる事故の要因

　学校の場合は，やや特殊で，事故が発生する場所は圧倒的に出入口，昇降口，階段が多い。また校外では，エスカレーターまわりで事故が起こっ

ている。朝礼などに関係した事故としては，中等部，高等部の併設校などで式典を交代で行なっていた場合や屋外で遊んでいた児童と，会場に向かう児童・生徒が階段や玄関付近で衝突，転倒した事例がある。

　転倒による事故は，わが国に特有の「上下足の履き替え」という習慣が重要な要因になる。というのは数百名の児童が出入する大きな建物でも，その割りには玄関や出入口が広いわけではなく，ボトルネックになっていることもある。また，教室の前の廊下に下足棚がある場合もある。そこに集団で出入りすると当然，群集密度が高くなるが，「履き替え」は，その危険な場所で腰を屈めてバランスを崩すことになるから転倒しやすい。

　校外活動に伴う事故は，エスカレーターや動く歩道の部分で発生することが多い。これは校外ということで開放的な雰囲気になった子供たちが，エスカレーターの上などで，ふざけたり，はしゃいだりして転倒し，あるいは髪や手が巻き込まれるなどによるものだ。

　また，小中学生にかかわる事故としては人気玩具の販売に際しての事例がある。これは人気キャラクターなどを用いた流行性の強い製品という性格から，当初の生産量が低く抑えられて，発売時には極度の品不足の状況になるからだともいわれている。

　この場合でも事故が多いのは，やはりエスカレーターの周辺である。エスカレーターの乗り口と降り口は接近して並んでいることが多く，乗り口に滞留した群集が，エスカレーターから下りようとする人びとを邪魔することになって，事故が発生しやすい。

　小学生では特に「ふざけ行動」，「はしゃぎ行動」，「付和雷同性」，「逸脱行動」などが顕著で，自制のきかない子供もいるので，それが群集事故につながることが多いのであろう。一般に群集行動の特徴として「同調性」，「付和雷同性」，「追従性」などがあるが，子供の場合には，それが大人よりも強くあらわれるから注意しなければならない。

第3章
群集の実態と事故の可能性

●

3-1……初詣でと祭りの群集
3-2……街(まち)の群集
3-3……地下街の群集
3-4……地下空間の危険性
3-5……大規模複合商業施設への課題

3-1　初詣でと祭りの群集

　弥彦神社事件以後，100人単位の死亡者が出るほどの群集事故はないが，お祭りや初詣でに集まる数十万の人びとは参拝者という名前でも実態は群集であり，対応をあやまると事故になる危険性がある。

(1)　初詣での群集

　人出の多い事例としてはまず，初詣でをあげておかねばならない。だが，初詣では日本古来の伝統行事ではない。明治時代の終り頃，鉄道会社の宣伝によって始まったものだ。

　関西では1907年（明治40年）の年末から年始にかけて，南海電鉄と阪神電鉄が初詣での新聞広告を出したのが最初で，関東では翌年から成田鉄道などが続いたという。本来は幸運をもたらすとされる「恵方」の方角にある社寺に参るのがよいということだったが，最近は，それに関係なく，有名な社寺に詣でるのが盛んになっている。

　初詣での参拝者数は3百万人の明治神宮を筆頭に，川崎大師，成田山新勝寺，伏見稲荷，住吉大社，熱田神宮，太宰府天満宮，鶴岡八幡宮，浅草寺，氷川神社と200万人以上の社寺が続く。新聞などで発表される参拝者の数を集計すると，全国では延べ7,000万人から8,000万人になり，この数字だけ見ると，日本人の大部分が初詣でに行っていることになる。たいへんな人数である。

　正月を三が日とすれば，多いところでは1日平均100万人になるだろう。10回入れ替わるとすれば，同時に10万人が境内に滞留する。境内は広いところも狭いところもあるが，広い場合として100m四方，1万m^2と仮定すればどうなるか。この場合の群集密度は10人／m^2で，これではたぶん身動きもできない。20回入れ替わるとしても5万人が滞留することになるので，群集密度は5人／m^2だから，ほとんど歩けないだろう。

　こうしたことを防ぐためには入場制限するしかないので，参拝者が集中する有名社寺では「分断誘導」や「分断入場」その他の手法を用いて規制している。これについては第7章で詳しく述べるが，こうした方法

で境内の群集密度をコントロールしたとしても，前進を止められた参拝者は参道に滞留する。かりに幅 10 m，長さ 500 m の参道があるとすれば，参道の面積は 5,000 m^2 で，そこに 5 万人が滞留すれば群集密度は，やはり 10 人／m^2 になる。これは身動きもできない状態だ。それでも大きな事故にならないのは，初詣でには時間的な制約がなく，先を急ぐ人は少ないからであろう。

(2) 祭りの群集

祭りも多くは長い歴史を持つ伝統行事である。たとえば東京の三社祭りでは 3 日間で毎年 150 万人の人出になるという。

このような伝統的な祭りだけでなく，最近は各地で「まつり」という名のイベントが多くなり，しかも巨大化する傾向にある。たとえば青森の「ねぶた祭り」，札幌の「よさこいソーラン祭り」，仙台の「七夕祭り」など 200 万人以上の人が集まる「まつり」も少なくない。「神戸まつり」のパレードには主催者発表で 165 万人（1990 年 5 月 20 日），東京の大銀座まつりには一日 120 万人の人出が記録されている。

1）祇園祭[脚注1]

祇園祭では例年，7 月 17 日が山鉾巡行の日と決まっているが，真夏の日中は暑いので，夕刻から山や鉾を見て歩く人が多い。これが宵山で，14 日の宵々々山から始まる。15 日の宵々山と続いて，16 日の宵山が最大の人出になり，その人数は約 40～50 万人といわれる。四条通は歩行者天国になって見物の群集で埋まるが，広い通りは左側通行になるように規制され，狭い通りは一方通行のところが多い。それでも交差点では四方から人が集中して満員電車のような混雑で身動きができないほどだ。

調査は宵山と翌日の山鉾巡行の群集をビルの屋上から撮影し，その写真から人数を数えるという方法によった。群集が占有する面積については，目印になるポイントをいくつか設定しておき，その相互の距離から算定した。

---

* 1）祇園祭，今宮戎，陶器まつりの調査は斎藤有弘氏による．宵山の調査日は 1976 年 7 月 16 日，巡行は翌 17 日

図 3-1　祇園祭宵山の群集（左）と山鉾巡行（右）

　宵山では午後 8 時の群集密度が 1.4 人/m^2 だったが，これは写真に写った範囲の平均的な値で，見物人が密集する山鉾周辺の密度を別に計測すると，3.5〜3.9/m^2 という高い密度になっている．巡行日の群集密度はピーク値で 2.6 人/m^2 ていどであった．
　17 日の巡行日の人出は宵山より少ないが，巡行は日中で暑いからである．巡行当日は早朝からひしめき合っている．群集の規制については細い通りは一方通行で，地下鉄の駅では改札制限もある．

2）今宮戎（大阪市）[脚注2)]

　戎神社では毎年 1 月 10 日の「本えびす」を中心として前日の 9 日を「宵えびす」，11 日を「残り福」と名づけて本来ならば 1 月 10 日に集中する

＊2）調査は斎藤有弘氏による．調査日時は 1978 年 1 月 10 日（16 時〜23 時）．

図3-2 今宮戎神社（大阪）

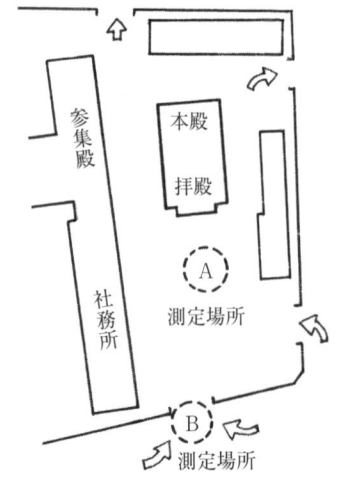

図3-3 今宮戎神社の見取図

図3-4 今宮戎神社の参拝者

参拝者を3日間に分散させているが，この神社は市街地に囲まれていて境内は狭いのに例年，3日間で約100万人の参拝者があり，群集事故が心配されるほどの混雑になる。そのためスピーカーから，ひっきりなしに

「ただいま大変混雑しております。門の外でしばらくお待ち下さい」

とアナウンスすることで入場を制限している。

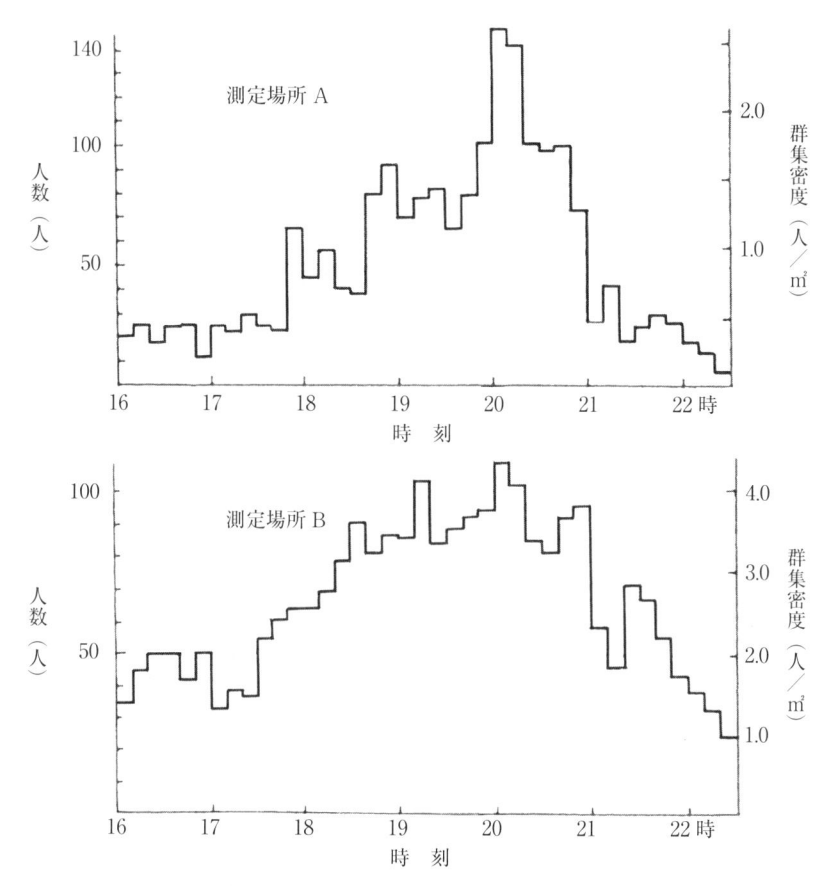

図 3-5 今宮戎神社の祭礼における群集密度(斎藤有弘氏による)

　ここで群集密度を調べてみた結果は次のとおりであった．隣接するビルの屋上から写真撮影して群集密度を算出，その方法は前記の祇園祭と同様である．なお当日の参拝者数は神社側によると約 40 万人，地元の警察署によると約 38 万人であった．
　観測地点 A における群集密度の時刻変動をみると，参拝客の大部分は，約 2 間幅の鳥居を通過するので，ここが動線上のネックとなって高密度の滞留が形成されている．ピークは午後 8 時からの 10 分間で，その時点の密度は 2.57 人/m^2，午後 7 時から 9 時までの 2 時間に参拝者の約半数が集中し，この時間帯での平均密度は約 1.68 人/m^2，調査時間全体を通

しては0.9人/m^2 であった。

境内の観測地点Bでは，群集密度の平均値は2.56人/m^2 である。ピーク時の午後8時には，賽銭箱に近いところで4.32人/m^2 と相当な高密度になっていた。

時刻変動のパターンについては周期的に密度が高くなる現象がみられたが，これは最寄りの交通機関（主として南海電鉄）を利用した参拝客によるもので，プラトゥーン効果によるものであろう。

3）陶器まつり（京都市東山の五条坂）[脚注3]

神社や寺院とは関係のない祭りの例として，陶器まつりを選び，群集密度と歩行速度を調査した。

京都の「陶器まつり」は毎年8月上旬の4日間，京都五条坂で開催される国内最大規模の陶器市で，掘り出し物を求めて全国から40万人が集まるという。ここは清水焼発祥の地とされる場所で，まつりの期間中は，広い五条通りも出店した400店のテントで埋め尽くされる。

調査方法は5分毎に撮影した写真から人数をカウントして群集密度を算定。歩行速度は無作為に抽出した人を追跡して，その人が特定の区間を通過する時間を測るという方法で求めた。歩行速度は，22時台の後半になると，平均0.8m/秒と自由歩行に近くなるが，他の時間帯では0.2～0.4m/秒と遅い。これは群集密度が高いからで，平均値では群集密度が1.5人/m^2 を超えたところで自由歩行速度の2分の1ていどにダウンする。調査時間中の平均密度は1.5人/m^2 を超え，20時台では3人/m^2 に近い高密度であった。

3-2　街(まち)の群集

都会の魅力のひとつに街（shopping street）の賑わいがある。ミラノのガレリア（Galleria）は1867年，約140年前にできたものだが，高さ27mのガラスの屋根に覆われ，アーケードつき商店街の原点ともいえる

＊3）調査は斎藤有弘氏による．調査日時は1976年8月8日（日曜日）

図3-6 イタリア・ミラノのガレリア
（ルドフスキー著，平良敬一，岡野一宇訳「人間のための街路」鹿島出版会，1973年より）

例である。ガレリアの両端にはミラノ大聖堂（Duomo）とスカラ座（La Scala）があって，ガレリアは都市の中心的な場所になっている。

しかし，街の賑わいには「光と影」がある。「光」というのは街の魅力になる部分だが，「影」というのは群集事故の危険性だ。

たとえば「天六ガス爆発事件」である。大阪万国博覧会が開かれた1970年の4月8日であった。大阪の天六（天神橋筋6丁目）の地下鉄駅の工事現場で口径300mmのガス管から大量のガスが噴出して爆発し，大事故になった。最初に小規模な爆発があって緊急車両が到着したが，そのクルマが燃え出して10mを超す火柱が上がった。

　それだけであれば大事故にはならないが，周囲から物見高い群集が集まってきたところで2度目の大爆発が起こった。現場に敷き詰められていた1枚380kgもある工事用の敷板1,500枚が木の葉のように空中に舞い上がり，長さ100mにわたって道路は陥没，集まっていた群集は吹き飛ばされ，79名死亡，420名重軽傷という大惨事になった。ちょうど夕方のラッシュアワーで通行人も多く，消防関係者は「危ない，近寄るな」と必死に制止したが，聞く者は少なかったという。

　爆発があったのは地下だが，被害が出たのは地上である。人的被害が大きかったのは，最初にクルマから火柱が上がったとき，多くの野次馬が集まってきたからだ。これも群集事故のひとつのタイプであろう。

　香港の繁華街ランカイフォン（蘭桂坊）では1997年の大晦日，カウントダウンのイベントで21人の死亡者と63人の重軽傷者を出す群集事故があった。

　繁華街には人があふれているが，日常的には群集事故のことまでは考えなくてよいだろう。だが，火災や爆発，地震などの突発的な災害があると，街路人口が多いだけに容易に群集事故になってしまう。中央防災会議でも大地震の際に建物の倒壊などによる直接の被害だけでなく，多数の帰宅困難者（帰宅難民）が発生するとして警告している。

(1) 街区の人口

　建物人口，つまり建物内の人口が多いと当然のことながら街区の歩行者交通量も多くなる。たとえば超高層ビルが多いニューヨークのマンハッタンではビルの容積つまり延床面積にくらべて歩道の面積が少なく，容積率2,500%以上の街区では，歩道の面積は建物の延床面積の1%程度しかないという。

　1811年に街路網が計画されたときには容積率200%を想定して敷地面

図3-7　**イタリア・ヴィチェンツァの街路**
（ルドフスキー著，平良敬一，岡野一宇訳「人間のための街路」鹿島出版会，1973年より）

積の10％を歩道面積にしたが，現在の容積率は当初の計画からいえば10倍以上だ。いまのような摩天楼が林立する超過密都市になるとは誰も予想できなかったであろう。街区の人口は建物人口と路上人口の和である。小売店舗，百貨店，一般飲食店などは建物内の人口密度が高いので，それらが集積した商業街区，たとえば商店街などは滞留人口が多い。

　地区のタイプによる滞留人口の時間的な変化は，おおよそ3種類に類型化することができる。純粋のオフィス街は午前10時から午後5時に滞留人口がほぼ一定になる台形型が多く，中心商店街は午後2時から午後4時にかけてピークをもつ単峰型，飲食店や飲み屋などの集まる歓楽街も単峰型だが，夕方から増え始めて午後8時から9時頃がピークになる。

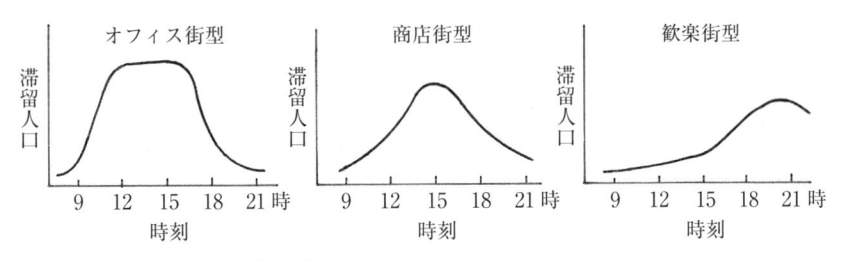

図 3-8　街区のタイプと滞留人口

（2）建物内の人口

　建物のなかに何人いるかは建物の用途と延床面積によって，だいたい決まるが，とくに超高層ビルは建物人口が多い。たとえば東京都庁舎は，高さ約243 m，延床面積38万 m^2，職員数1.5万人で，利用者も含めると1日に3〜4万人が出入りする。これは小さな市の人口に匹敵する人数だ。さらに劇場やデパートや大規模ホテルなどでは，不特定多数の人が数千人以上，場合によっては万単位の人びとがいるので，火災や地震が起ったとき群集事故を起こさないよう，安全に避難させることができるかどうかが問題である。

　たとえば，ベルギーの首都ブリュッセルのイノバシオン百貨店で1967年の5月22日に発生した火災事故は，デパート火災としては史上最大の325名という死亡者を出したことで有名だが，よく調べてみると犠牲者

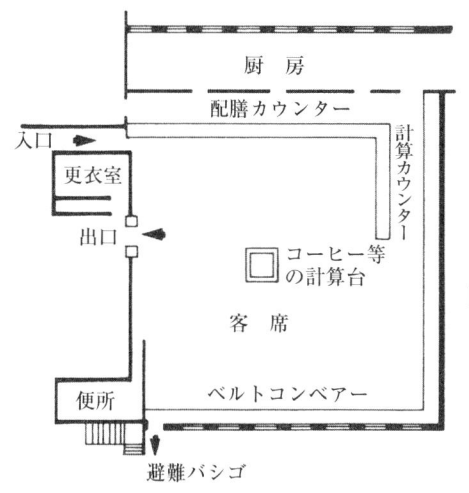

図3-9 イノバシオン百貨店食堂の見取り図
出入口が狭く，満席で約350人の客は袋のねずみとなり，この中で260人が死亡。

の大部分は群集事故のような形で死亡したものであった。＊脚注4)

　出火したのは2階の売場だったが，ここで問題になるのは死亡者325名の80％に当たる260名が4階の食堂で死亡したことだ。昼休みの時間帯で350席もある大きな食堂は満席状態だった。そこへ突然，濃い煙が侵入してきたため客は狭い出口に殺到，折り重なって倒れ込み，食堂にいた人は大部分が犠牲になった。この食堂はカフェテリア方式のシステムだったようで，見取り図によると入口は狭く，客席は袋のような形になっている。多数の死亡者が出たのは，そのためで現場の状況は群集事故に近いものだったのではないか。

　そのほか大規模の建物における事故の要因として考えられるのは次のとおりである。

① 百貨店，量販店，ショッピングセンターなどは滞留人口が多い。混雑する売場では，1平方メートル当り1人以上の群集密度になることもあり，マンモスデパートでは全館で数万人になる。

② 季節，曜日によって客が異常に集中する。特に年末の給料日の次の土曜，日曜は1年のうちで最も危ない日である。

③ 新商品や人気商品の発売，新装開店大売出しなどのイベントが多

＊4) 岡田光正「火災安全学入門」学芸出版社，1985年，および「ベルギー百貨店の火災から」座談会，『火災』Vol.17，No.4

い。とくに人集めのタレントなどを呼ぶのは要注意だ。
④ 高層型の百貨店から全館同時に避難する場合には，2階から1階に降りる階段には上の階からの群集が集中するので最も危険である。大きなデパートでは数万人が在館することもありうるので，そうなれば全員が避難するのに20分以上かかることになるだろう。
⑤ マンモスホテルの大宴会場では，数千人が出席するパーティなどもある。

3-3　地下街の群集

　最古の地下街はトルコのカッパドキアであろう。ここでは，おそらく有史以前から，洞窟を掘って人が住んでいたという。2,000年ほど前，キリスト教徒がローマの迫害を逃れるために，11世紀頃からはイスラム教徒の迫害から逃れるために，この不毛の地を隠れ家として選び，すでにあった地下の洞窟を次つぎに拡張した。横穴式の洞窟住居は南イタリアやスペインにもあるが，ここは横穴ではなく，タテに掘り下げて地中に何層ものスペースをつくった。
　現存する最大の地下都市は「カイマルク」にある。地下8階，深さ80mで，教会や修道院だけではなく，学校，食堂，台所からワインセラーまであり，トンネルでつながってアリの巣のように複雑に入り組んでいる。その上，外気を取り入れるために，地上から最下層の地下水の出るところまで垂直に通気孔を掘って井戸としても利用していた。地下都市のひとつ「デリンクユ」には，このような通気孔が52本もあるという。こうした地下都市は30数カ所にのぼり，数万人の人びとが住んでいたともいわれる。だが，スペースとしては可能でも，食料の調達や排泄処理の問題もあるので，実際どれほどの人口が生活していたのか，本当のことはわからない。
　このカッパドキアも1960年代のはじめ，村人が偶然，発見するまでは全く忘れられた存在だった。迫害から逃れて信仰を護る必要がなくなったからであろう。人間にとって地下に住み続けるのは異常であり，必然的な理由がなければ存続しえなかったのである。
　ところで地下街が発達しているのは日本だけではない。たとえば，カ

ナダのモントリオールでは，都心の1キロ四方の区域に延べ29kmを超す地下街のネットワークができており，トロントでも地下鉄に囲まれた広い区域を地下街がカバーして，地下鉄の6つの駅と接続している。地下の商業地域は37万m^2，店舗数は1,200に達するという。

このあたりは雪が深く，最低気温は零度30度まで下ることもあって外を歩くのは困難だという。カナダ第二の都市であるモントリオールでも，1月の平均最低気温は零下17℃，積雪は2.5mだというから，地下街は快適に移動しながら買物もできる最高に有用な空間であろう。

（1）　わが国における地下街の始まり

地下街の始まりは地下道である。地下道は，まず大都市の駅前のような交通混雑の激しいところに現われた。昭和のはじめにできた東京駅前と丸ビルを結ぶ地下道や上野公衆地下道がこの例である。一方，1927年ごろ開業した地下鉄では，プラットホームと地上との中間にフロアをつくって改札口などを設けることが多く，この空間が商業的な目的に利用されるようになった。その頃できたのが上野駅の「地下ストア」や「神田須田町ストア」だったという。そこではタバコや新聞，雑誌などを売るだけでなく，雑貨の店や理髪店から，ある時期には映画館や「メトロ・ホテル」と称する簡易宿泊所まであった。また，戦前からデパートの地下階は食料品などの売場になり，これが地下道や地下鉄の駅と結びつき，空間的につながって今日のような巨大な地下街が形成されることになった。

ターミナル駅における1日の乗降客数は，たとえば新宿では360万人(西部新宿駅を含む)，梅田は241万人で，いずれも2百万人以上である。その中の相当部分，たぶん数十万人以上の人びとは他社の路線への乗換えだから，1度は改札口を出なければならない。それだけの人数がグランドレベルを歩いたのでは地上の交通は麻痺してしまう。巨大なターミナルを持つ大都市は地下街なしには成立しない。

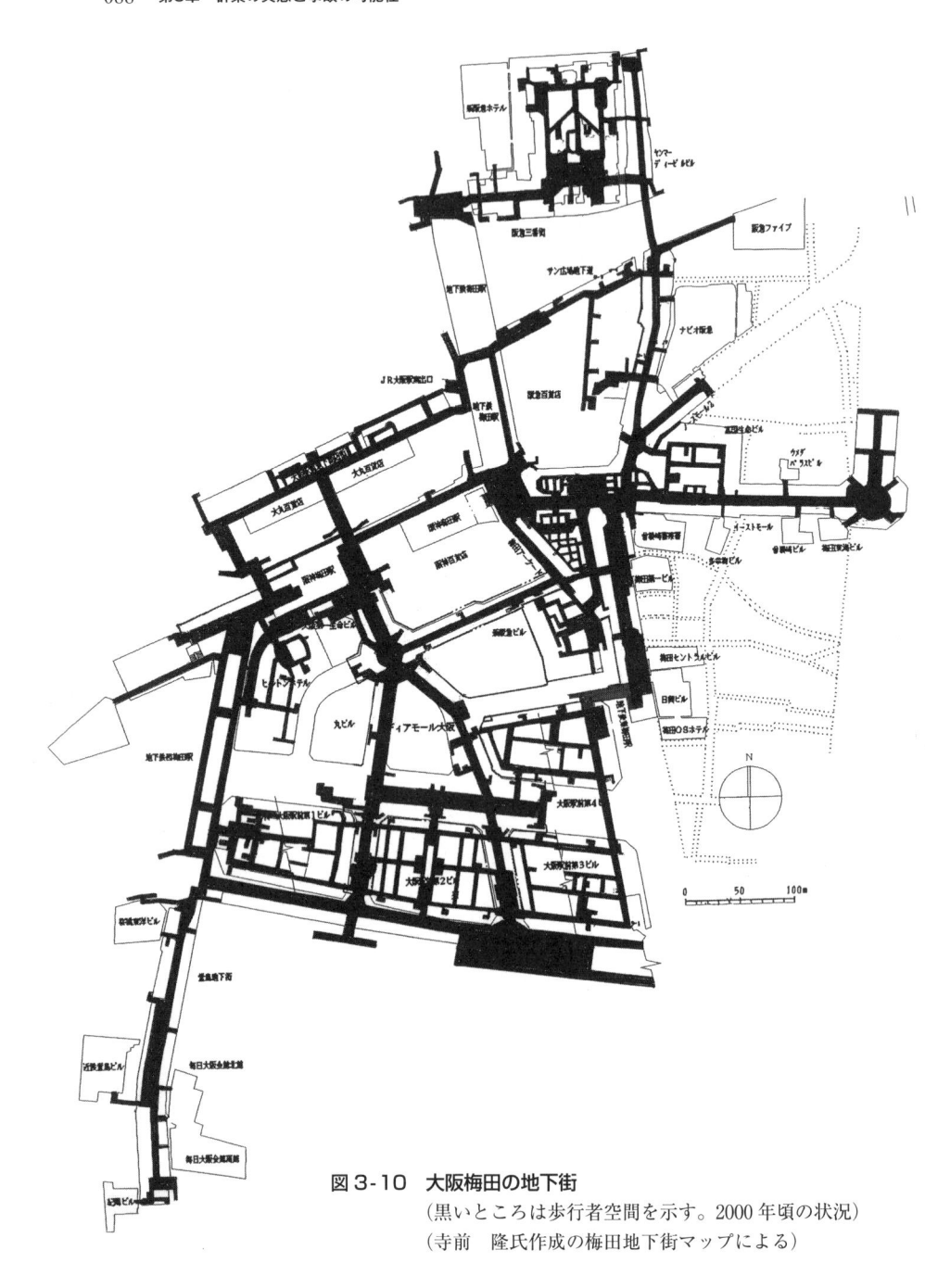

088　第3章　群集の実態と事故の可能性

図 3-10　大阪梅田の地下街
（黒いところは歩行者空間を示す。2000 年頃の状況）
（寺前　隆氏作成の梅田地下街マップによる）

(2) 地下街のタイプ

　一口に地下街といっても，通路としての役割が主たるもの，商店街としての機能を主とするものなど，機能や性格の違ったいくつかのタイプがあり，これを分類すると，大きくは3つのタイプに分けることができる。

① 通路型

　地下鉄駅構内や地下歩道あるいは，これに若干の店舗が付属したもので，主たる機能は連絡通路である。滞留人口は図3-11のような時刻変動を示し，平日は午前9時と午後6時の通勤時間帯に鋭いピークをみせる。場所によっては朝のピーク時の密度は1.0人／m^2を超えることもある。

② モール型

　一般に地下街とよばれているのは，このタイプが多い。通路としての機能よりもショッピング街や飲食街としての機能の方が大きい。店舗の占める割合が多いので，滞留人口の変動パターンは店舗内の人口に左右される。平日では午後1時と6時の2つのピークがあるが，夕方のピークの方が大きい。

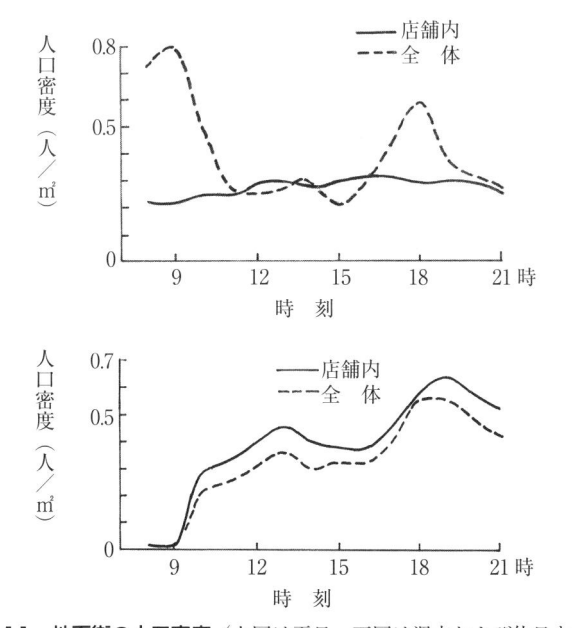

図3-11　地下街の人口密度（上図は平日、下図は週末および休日を示す）

③ 地下階型

地下歩道や地下商店街に連絡しているビルやデパートの地下階で，周辺のオフィスで働く人の食堂，レストランや洋品，雑貨などの店が多い。休日は休業する店が多く，最近では土曜日も休む例もある。

(3) 地下街の群集[*脚注5)]

地下街は多数の人々を収容し，しかも迷路的な構造からその危険性が指摘されているが，どれくらいの人数がいるか，ということについてのデータは少ない。地下街の管理会社などが公表するのは，特定の1日の出入人数だけであり，ピーク時にどのくらいの人口が滞留しているかについては，公表されていないことが多い。

1) 流入人口と滞留人口

地下街の出入人数は，鉄道や地下鉄に接続することで多くなるが，出入りする人数が多くても，滞留人口が多いとはかぎらない。地下街において滞留人口が最も多いのは，平日では午後6時，休日は午後3〜4時である。一般に人口が最も多いのは年末の休日で，その日の人出は，通常の休日のおよそ1.5倍ていどである。

平日における総人口の時刻変動パターンは，昼前後と夕方にピークをもつ2峰型が一般的だが，通勤・通学の利用者が多い地下街では，朝にもピークをもつ3峰型になる。

2) 滞留時間とピーク時の群集密度

平日の滞留時間は「10分未満」が29％，「10〜30分」が34％で，60％以上の人が30分未満であるが，休日はこれが減って，30分以上の割合が増えてくる。平均滞留時間は平日が約40分，休日が約65分で，休日は滞留時間が長い。

地下街の規模が大きくなれば滞留人口はそれだけ多くなるが，人口密度については，平日の夕方では，ピーク時の総人口密度0.15人／m^2 で

＊5) 辻　正矩の調査による．

いどが平均的なレベルと考えてよい．店舗内の人口密度は 0.15〜0.20 人／m^2 だが，路上人口の密度は 0.1〜0.3 人／m^2 とバラツキが大きい．

3-4　地下空間の危険性

地下街ないし地下空間の事故としては次のような事例がある．

・静岡駅前地下街爆発事故
　15 人死亡，223 人が重軽傷，33 店舗が全壊
　1980 年（昭 55）8 月 16 日　9 時半頃
　JR 静岡駅前ゴールデン地下街

・大邱の地下鉄事故
　死者 192 名，負傷者 148 名
　韓国大邱市地下鉄 1 号線中央路駅構内
　2003 年 2 月 18 日　21 時 53 分頃

　この 2 件は，いずれも被害は大きいが，必ずしも群集事故とはいえない．というのは静岡駅前の事故は駅前の地下道に面するビルの地下にある飲食店で都市ガスが漏れて爆発したものであった．また，大邱の事故は地下鉄の乗客が車内で放火したことによるものであった．このような事故を防止するのは容易ではないが，群集事故に発展する可能性もある．むしろ地下街であれば，どこでも起りうる危険性を示すものとしてとらえるべきであろう．

(1)　避難行動についての意識 *脚注5)に同じ

　地下街に来た人びとが火災や地震のさい，どのような行動をとるかをアンケートした結果は次のとおりであった．
　① 停電になった時は，その場で「様子をみる」という人が 70％で最も多い．

② 『火事だ』という声を聞いた時には，男女とも「すぐ避難する」という人が60％近くあり，これが最も多いが，「まわりの人が逃げたら避難する」という人が，女性では男性の2倍もある。男性では「出火場所を確認しに行く」という行動が女性にくらべて多い。
③ 「避難して下さい」という非常放送があった時には，90％に近い人が「すぐ逃げる」と答えている。しかし「まわりの人が逃げたら避難する」という追従型の行動が女性に多く男性の2倍になる。
④ 避難しようとした階段が混雑していた時には「近くの階段を探す」が54％，次いで「そこで待つ」が27％である。「遠くても知っている階段に向かう」は18％と少ない。女性では「近くの階段を探す」割合が多く，男性では「遠くても知っている階段に向かう」割合が多い。
⑤ まわりの人が避難し始めた時には，男性の53％，女性の32％が「冷静に逃げる」と答えている。「店員やガードマンの指示に従う」とか「放送の指示に従う」は少ない。

(2) 地震による危険性

わが国では天六，静岡の事故以来，幸いにして地下街での大きな爆発や火災事故は起こっていないが，1995年1月17日の阪神・淡路大震災（兵庫県南部地震）では神戸市兵庫区の神戸高速鉄道「大開駅」が崩壊，地上の国道28号線が陥没して長いあいだ不通になった。従来から，地下の構造物は地震力を受けないので安全だといわれていたが，これは神話に近いということだろう。

この「大開駅」はオープンカットの工法によるものだったから，地震でスラブを支える柱が折れたのが原因かもしれないが，大阪の地下鉄［御堂筋線］のように同様のオープンカットによる地下駅は少なくないので，地下空間が危険な要因をもつことに変わりはない。

地震で崩壊しなかったとしても，地下街の天井裏には配管や配線を吊ってあるのが普通だから，地震の揺れで，それが落ちたり，接合部が外れたりする可能性がある。もし万一，ガスの配管が外れると天六や静岡のように大爆発が起こるかもしれない。大爆発でなくても停電になると非

図3-13 ロング・エスカレーター
大地震の時やエネルギー不足で節電が必要な時には、この長いエスカレーターが無用の長物となるかもしれない。

常用照明があっても、かなり薄暗いので、迷路のような地下街では群集事故のおそれがある。もし非常用の電源が切れると、地下街は暗黒の世界で群集はパニックを起こして大混乱になるかもしれない。

地下街の多くは通勤駅につながっていて毎日、大勢の人びとが利用しているので、大邱市（テグ）の地下鉄のように、火災とか爆発などのような非日常的なトラブルが起こると群集事故になってしまう危険性がある。

(3) 水害による危険性

福岡市博多駅周辺の地下街は集中豪雨による水害で大きな被害を受けた。2009年6月29日のことである。地下街のテナントは最大1mに及ぶ浸水で営業不能となり、周辺のホテルでも地下の機械室が水没し、地下鉄やJRも流れ込んだ大量の雨水により線路が冠水して運休、さらにビル地下階の飲食店では店員一人が水死している。

2010年4月28日、川崎の地下街アゼリアでは豪雨により地下街の床

上に浸水，2004年の10月には台風22号の接近で，東京の地下鉄「麻生十番駅」では地下3階のホームが浸水した。

中国山東省済南市では，2007年7月18日の夕刻，集中豪雨があり，市内最大のスーパーが水没，水位は一時1.6mに達したという。

ヨーロッパでは2002年の8月1日から10日にかけて広い範囲で洪水があり，プラハの地下鉄は壊滅的な被害を受けた。19の駅が浸水して交通システムは麻痺し，数カ月にわたって運休。すべての駅が営業を再開したのは翌年の3月で，全線の復旧には半年以上かかっている。

中央防災会議専門調査会の2009年1月の報告によれば，荒川が決壊すると最悪の場合，都内の地下鉄97の駅が浸水する。このうち81の駅は完全に水没し，濁流が地下鉄の構内を通って都心に流れ込むため，霞ヶ関や六本木など44の駅では，駅につながる地下街も水没する可能性が高い。さらに川が溢れて地下鉄に水が流れ込むと，首都圏のすべての地下鉄が麻痺するという。

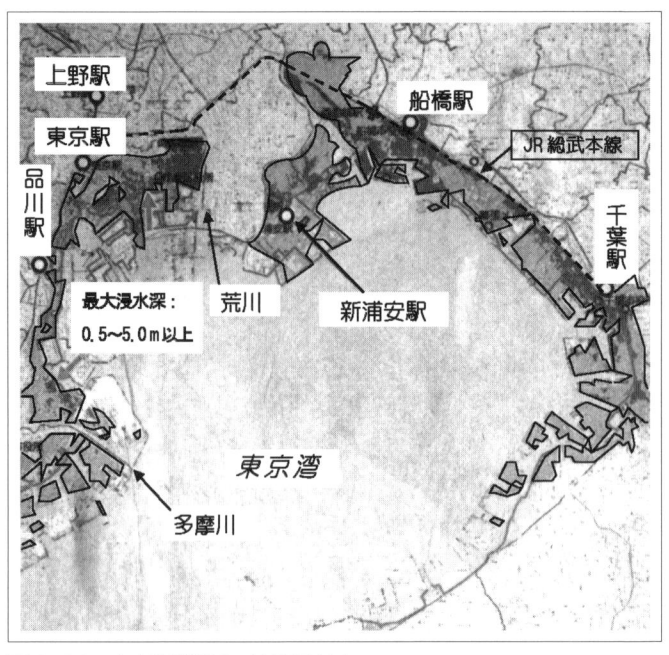

図3-14 東京湾沿岸域の被災想定図
(中央防災会議資料，朝日新聞［2010年4月2日］より作成)

なお、水害として最大の被害をもたらすのは津波である。「阪神・淡路大震災（兵庫県南部地震、1995年）」では、震源が陸地であったためか津波は発生していない。しかも早朝の時間帯だったので地下街も無人で群集による混乱はなかった。だが未曾有の大災害「東日本大震災（東北地方太平洋沖地震、2011年）」のような巨大な津波に大都市が襲われた場合には、もちろん地下街の水没は免れない。日中であれば多くの人びとが逃げまどい、地上への階段に殺到して群集事故になるおそれがある。これは東京だけでなく、名古屋でも大阪でも起こりうるものと考えておくべきだろう。

3-5　大規模複合商業施設への課題

大都市に隣接する駅前の再開発地区では、ショッピングモールなどの商業施設や文化施設などを含む複合的な集客施設が次つぎにオープンしている。ほとんどの場合、高層の階は集合住宅になっていて、駅と施設

図3-15　大規模な複合集客施設につながるコンコース

をつなぐコンコースでは通勤の乗降客だけでなく，高層部の居住者，買い物客，ホールの利用者などが行き交い，週末には各種のイベントもあるから多くの人びとが集まってくる。

　このような，大規模複合施設は各所にできており，これからも増えると思われるが，火災発生などの緊急時には，群集が通路や交通機関に殺到し，その行動は計画時に想定した状況を，はるかに超えるスケールになって群集事故につながる可能性もある。こうした場合，法令による設備だけで非常の際の事故発生を防ぐことができるであろうか。とくに駅前地区などにおける巨大複合集客施設には，こうした問題があることを忘れてはならない。

第4章

群集の密度

●

4-1……群集を数える
4-2……群集密度と混雑のレベル
4-3……行列の種類
4-4……群集密度の限界
4-5……群集の圧力
4-6……群集事故で死亡するのは何故か

4-1 群集を数える

「イタリアで毎日の"コルソ"に加わらぬ人は作法を全く心得ていない」というのは，ミラノの魅力に惹かれてイタリアに住んだ文豪スタンダールの言葉である。

「コルソ」とは本来「大通り」とか「水の流れ」を意味するが，ここではイタリア人が毎日，夕刻になると街や広場に集まることを表す言葉で，これによって街の賑わいが形成されるという。

このような日常的な人出については毎日のことだから，人びとの行動パターンは決まっており，群集の状態であったとしてもとくに危険だということは少ないであろう。これに対して，いわゆる"ハレ"の日の祭りやイベントに人が集まると，不測の事態が起こる可能性があることは前章までに紹介した過去の事例によって明らかである。そのような事故を防ぐためには，群集の大きさと混雑の程度つまり群集密度を知っておかねばならない。

ところで，デモなどの集会が盛んだった頃の話だが，主催者側の発表と警察側の発表とでは参加者の人数が大幅に違うことが多かった。主催者側の数字は傘下の各団体が申告した人数を積み上げたものであり，それぞれの団体は格好つけて参加人数を水増しして申告するようなことがあったのではないか。

群集の大きさは「初詣での人出は10万人だった」というように，人数で表わすことが多い。しかし，この表現は曖昧で，それが特定の時刻にいた人数なのか，あるいは当日の延べ人数なのかわからない。つまり，人数をカウントしたのが「ある特定の時刻」なのか，それとも「ある特定の時間帯または期間」なのかの区別も重要である。ここでは前者の場合を「滞留人口」，後者の場合を「延べ人口」と呼ぶことにする。建物の在館者数は「滞留人口」であり，ショッピングセンターの客数や駅の乗降客数などは，普通は「延べ人口」を意味する。

屋内でのイベントならば，無料であっても入口でカウントすればよいが，野外の広い場所におけるイベントや祭りやなどでは，人数を数えるのは容易ではない。ふつう用いられるのは次のような方法である。

(1) 通行人数を数える

　人通りの多い通路などの人数を数える場合に用いられる方法だ。まず，調査対象とする通路の上にコードンライン（断面線）を設け，そのラインを通過する人数をカウンターで計測する方法で，断面通行量計測法ともいわれる。

1）目視による方法

　目視して計数器などによりカウントする方法で，どこでも手っ取り早くできる。京都の八坂神社と平安神宮では石段を上る人数を実際にカウントしている（京都府警地域課）。段数が少なくても石段を上る人は，よく見えるので，そのような場所を選ぶのが得策だ。

　だが，通路の幅が広くて通る人数が多くなると，1人ひとりを目視してカウントするのは難しい。そうした場合は5人を単位として1回押すとか，横に並んだ列を数えるなどして，あとで掛け算して人数を出す方法が実際的だが，精度が落ちるのは止むを得ない。10人ほまとめて1回押す方法もあるというが，10人を一瞬で目測するのは無理ではないか。

　いずれにしろ人の目と手に頼るのは限界がある。正確なデータが必要な場合は，数人でカウントして平均すればよいが，当然のことながら，それだけ人手を要する。

2）自動計測装置を用いる

　赤外線センサーなどにより自動的に人数をカウントする装置が，実用化されている。出入口付近の天井に設置するタイプは精度が高く，入場と退場の別や大人と子供の区別もできるとされるが，それなりにコストがかかる。一方，横方向からのビームを用いるタイプは，ローコストで設置も簡単だが，数人が横並びで通過するような場所では，列単位のカウントしかできない。

3）歩行速度と群集密度から求める

　単位時間内の通行量と平均歩行速度がわかれば，そこから群集密度を算定することができるので，それに調査対象とする区画の面積を乗じて

区画内の滞留人数を算出する。なお，この場合の滞留人数は測定時間帯における平均的な人数である。*脚注1)

（2） 滞留人数を数える

1）目視による方法

ある特定の場所にいる滞留人数をカウンターなどで計測するもので，調査対象とする地域が狭く，かつ少人数の場合に有効である。

2）サンプリング法

群集が滞留しているスペースを大まかにブロック割りし，ひとつのブロックに何人いるかを数え，それにブロック数を掛け合わせて大まかな人数を算出する方法で，標本密度測定法ともいう。建物内であれば代表的な一画，たとえば4本の柱で囲まれた部分の人数を数え，その部分の面積を測って密度を算出し，調査区域の滞留人数または人口密度そのものを知るための方法である。これを数カ所について行ない，平均的な密度を算出して調査区域の全面積を掛ければ，その時点の滞留人数を推定することができる。

もとより概算値であるが，全体の実測が困難な場合には有効だ。ただし対象とする範囲が広くなれば，それなりに人手を要するので，限られた人数で調査するときには，主要な地点を選んで計測し，ほかの地点については類推するなどの工夫が必要となる。

たとえば，盛岡の「さんさ踊り」では，まず $250m^2$ のサンプルエリアを選んでカウンターで人数を数え，主会場の面積が1万 m^2 だから，1万を250で割った40を掛けて求めた数字を基本として算定するという（朝日新聞社 asahi.co.）。

また，祇園祭の山鉾巡行では，見物人ひとりの横幅を平均45cmとし，1列なら，群集が並んでいる全体の幅を45cmで割り，2列の場合は，その2倍として集計。これを10カ所で2〜3時間おきに計測するという（京

---

*1) 反比例モデルによれば平均歩行速度 v（m／秒）は $v = N/\rho$ だから，群集密度 ρ は N/v で求められる。ここに N は群集流動係数（人／m・秒）つまり毎秒，1m当たりの通行量で，ρ は群集密度（人／㎡）である（反比例モデルについては第5章参照）。

都府警察本部による)。

　高いところからの写真が撮れる場合には写真を用いる方法も有効だ。費用がかかってもよい場合には航空写真も利用できる。ただし広い場所を数えるのは困難になるので，全体をグリッドで仕切るなどしてサンプルとするエリアを何カ所か選び，カウントしたのち全体の面積に換算する。サンプリングした場所の群集密度を算定して全体の面積を乗ずればよい。

3）通行量と歩行速度から求める

　単位時間内の通行量と歩行速度がわかれば，群集密度を算定することができるので，それに調査対象とする区画の面積を乗じて区画内の滞留人数を算出する。なお，この場合の滞留人数は測定時間帯における平均的な人数である。

4）出入の人数から算定する

　ある時刻までに到着した人数の合計から，その時刻までに退出した人数の合計を差し引いたものが，その時刻の滞留人数になる。出入の人数は，前記の通行人数を計測する方法によればよい。

(3) 延べ人数を数える

1）入場者数の集計

　有料のイベントであれば入場券の枚数などを集計すればよいし，無料の場合でも屋内の施設の場合は，入口でカウントするのは容易であろう。

2）換算法

　社寺では，おみくじの枚数などから推定する。伏見稲荷の初詣においては出入口が多くて数えるのが難しいので，おみくじの数と経験値によって推測し，念のためときどき，実際にカウントしてチェックするという（京都府警察本部による）。

3）積み上げ法

たとえば、「青森ねぶた祭」(2008年) では、6日間で延べ619万人を集めたとされるが、高速道路や駅の利用状況、ホテルや旅館の利用客数、駐車場の利用客数などを積み上げ、当日の会場の混み具合を勘案して算定したという（朝日新聞社提供 asahi.co. による）。

(4) 人出の予測

イベントの開催に当たっては、先ず目標とする「人出」を予測しなければならない。というのは、それをもとにして主催者は受入れ計画を立て、警察や警備会社は警備計画を練り、交通機関は輸送計画を検討する必要があるからだ。予測の方法としては過去の実績や収容力、輸送能力などを参考にするのは当然だが、予算獲得とか宣伝効果などの理由で意図的に水増しされることもあるという。

なお「人出」という言葉の意味はあいまいで、当日の入場者の合計、つまり「延べ人数」を指していることもあり、また、一日の中での最大の「滞留者数」のことをいう場合もある。

新聞などで報道される「人出」の数は主催者や警察の発表によるとされることが多いが、両者の発表する数字には差があることが少なくない。カウントの方法、対象範囲の取り方、「延べ人数」か「滞留人数」かなど前提条件や内容の違いもあるだろう。

4-2 群集密度と混雑のレベル

(1) グロスとネット—2種類の群集密度—

群集について最も基本的な属性は群集密度であり、一般的には次のように定義される。

$$群集密度 = 人数 \div 群集の占有面積$$

群集密度は群集の人数を面積で割った数字で、ふつうは人／m^2 という

単位で表わされるが，占有面積の取り方や人の数え方によって幅があり，さらに「グロスの密度」と「ネットの密度」という2種類の群集密度があるので，注意しなければならない。

たとえば，10,000m^2の公園に5,000人が集まっている場合を考えてみよう。植え込みや花壇などの部分も含めて占有面積として密度を算定すれば，それは「グロスの密度」であり，群集密度は0.5人／m^2となる。これに対して，通路や広場だけに限定してそれを占有面積とした場合には「ネットの密度」で，この場合には，通路面積を5,000m^2とすると，群集密度は1人／m^2となる。ネットの方が妥当なようでもあるが，グロスの方が便利なことも多い。というのは通路部分の面積だけを測るのが困難な場合もあるからだ。

人の数え方についても，抱かれている幼児を一人と数えるかどうかとか，大きな荷物をもっている人をどう勘定するかといったことが問題になる場合もある。

(2) 群集のエレメントと占有面積

群集を構成しているのは個々の人間である。したがって群集の占める面積をとらえるためには，まず個々の人間の寸法を知っておかねばならない。しかも，この場合の寸法は日常的に衣服をつけた状態の寸法であることが望ましい。さらにカバンなどを持ち，いろいろな姿勢をとった場合の平面寸法と占有面積を実測した結果を表4-1に示す。

これによれば着衣で立っている場合，男はほぼ30cm×60cm，女はほぼ25cm×50cmの長方形の平面とみなしてよいことがわかる。正座の場合は，男65cm×55cm，女60cm×45cm，あぐらをかくと男65cm×80cm，女55cm×70cmというのが，おおよその寸法である。また，この表から新聞を広げたり，スキーを担いだりするような特別の姿勢をとらないかぎり，いろいろな姿勢での占有面積は，立った時の3倍以内に，ほぼおさまることがわかる。

表4-1 人の姿勢と占有面積

(数字は上側が男,下側が女)

姿勢		間口寸法*1	奥行寸法	占有面積*2	占有率*3
		mm	mm	mm²	%
何ももたずに自然に立っている		580	300	174,000	100.0
		484	252	121,968	70.1
ショッピングバッグをもっている		587	426	250,062	143.7
		484	323	156,332	89.8
文庫本を読んでいる		226, 710	548	256,464	147.4
		200, 581	406	158,543	91.1
B4判の雑誌を読んでいる		548	581	318,388	183.0
		490	419	205,310	118.0
新聞を折りたたんで読んでいる		606	768	465,408	267.5
		510	555	283,050	162.7
タブロイド版の新聞を折って読んでいる		300, 680	740	362,600	208.4
		293, 520	507	206,096	118.4
新聞をひらいて読んでいる		890	774	688,860	395.9
		832	568	472,576	271.6
タブロイド版の新聞をひらいて読んでいる		665	710	472,150	271.4
		593	587	348,091	200.1
正座している		542	619	335,498	192.8
		419	568	237,992	136.8
胡座を組んでいる		813, 484	645	418,283	240.4
		690, 387	516	277,866	159.7
足を伸してすわっている		503	1,155	580,965	333.9
		406	1,071	434,826	249.9
スキーをついて立っている		580	580	336,400	193.3
		580	536	310,880	178.7
スキーを肩にかけている		626	516	323,016	185.6
		606	639	387,234	222.5
スキーを肩にかついでいる		633	1,837	1,162,821	668.3
		561	2,060	1,155,660	664.2

*1 台形となる姿勢の間口寸法は,前側を先に背中側を後に示した。
*2 占有面積は,姿勢を破線で囲んだ部分の面積。
*3 占有率＝100×(占有面積)/(何ももたずに自然に立った男の占有面積)。

(木坊子敬貢「実測による群集密度の研究」大阪大学卒業論文による,1985年)

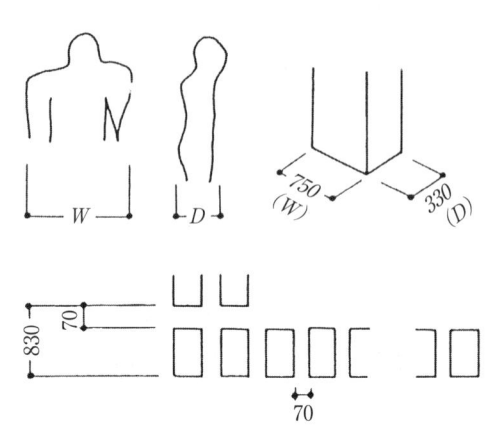

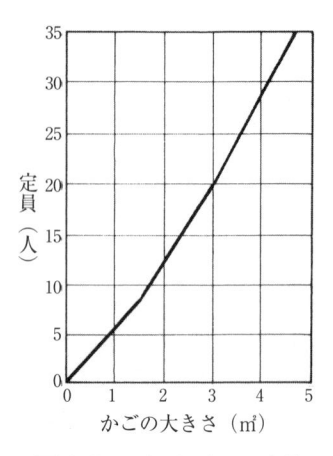

図4-1 駅のホームにおける群集の寸法

図4-2 エレベーターの定員

(3) 群集密度のレベル*脚注2)

静止状態にある群集の混雑状況と群集密度の関係は，次の通りである。

1人／m²……雨の日に，群集の1人ひとりが傘をさしている状態だと思えばよい。傘の直径は，ほぼ800〜1,000mmである。京間の畳（1,910×955mm）1枚に2人が坐ると1.1人／m²だが，田舎間（江戸間）のタタミの場合には，畳の寸法がやや小ぶりだから1.3人／m²となり，約2割の差が出てくる。

2人／m²……京間の畳1枚に3人座った時の密度は1.64人／m²で，これは集会などの席でゆったりと座った状態である。これを詰め合わせて座るとると，2人／m²ないし2.2人／m²となる。旧陸軍の兵員輸送船では，船倉1坪あたり7人の割合で詰め込まれたという。密度になおすと2.1人／m²で，これをナチの強制収容所とくらべると，最もひどいケースと同じレベルであった。つまり2人／m²という密度は，長期にわたって人間を収容しておくことができる限界と考えてよいであろう。

3人／m²……窮屈な映画館の座席に人が詰まっている状態を想像すればよい。シートの幅を42cm，前後間隔を80cmとすれば，約3人／m²となる。なお，通勤電車で乗車率100％というのは座席と吊革がふさがっ

＊2) 主として戸川喜久二「群衆と密度」都市計画，No.73による．

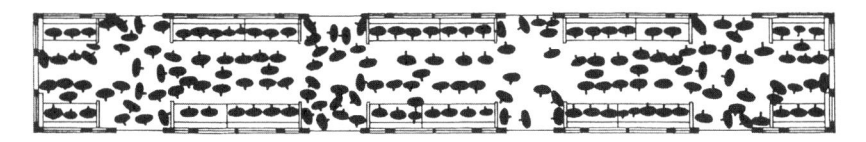

図4-3 通勤電車の車両
山手線内回り，池袋—目白間（1977年8月23日　午前10:00頃），車両平均乗客数180人，乗車率125%
（日本車両工業会：旅客サービス設備近代化の研究，報告書5，アコモデーション，1978年3月による）

ている状態に近いが，その時の密度は，ほぼこのレベルになる。駅のホームなどで並んで待っている場合，図4-6のように人を750mm×330mmとみなして，前後左右に70mmあてのアキをみると，約3人/m^2の密度となる。この密度では人と人との間を横切ることは，そう困難ではない。

　4人/m^2……野球場のスタンドなどで，ベンチに並んで腰を降ろした状態である。ユカ座の場合，正座すれば，この密度まで詰められるが，アグラでは無理だろう。通勤電車の定員は座席と吊革の数から決まることが多いが，混雑度150%は約4人/m^2で，まだ車内は通行可能だし新聞も読める。また，動いている状態での群集密度，つまり動的密度は静的密度よりも低くて4人/m^2が限界といわれている。

　5〜7人/m^2……エレベータが満員になった時の密度と思えばよい。建築基準法に定められたエレベータの最大定員は表4-3のとおりで，カゴの大きさによって設定される密度が違う。たとえば，カゴの面積が1.5m^2以下の小型は5.7人/m^2だが，20人乗り以上の大型となると7.5人/m^2とかなりの高密度になる。5〜6人/m^2では前後に接触することは，ほとんどなく，横は袖がわずかに触れあう状態である。通勤電車の混雑度をあらわす乗車率200%は約6人/m^2で，週刊誌は読めるが，落とした物は拾いにくい。

　7〜7.5人/m^2……7人/m^2では，や肘に圧力を感ずるが，7.5人/m^2になっても人と人との間にかろうじて割り込むことができるし，手の上げ下げもできる。なお「群集の収容算出の基準は，人ひとりの幅を，おおむね40〜45cm，縦を，おおむね25〜30cmとして計算する」という基準もあるが，この場合は，ほぼ7.5人/m^2の密度に相当し，かな

表4-2 混雑の状態と群集密度の関係*脚注2) に同じ

混　雑　の　状　態	群集密度（人／m²）
普通の速さで歩くことができるが，追越しはできない	3〜5人／m²
肩や肘に圧力を感ずるが，人と人との間に割り込むことができ，手の上げ下げもできる	7〜7.5人／m²
前方の者は後方から押されて進む（この時の歩行速度は1／2から1／3に落ちる）	10〜11人／m²
押されて身動きできず前進は不可能	12人／m² 前後
押されて苦しい状態	12〜13人／m²
非常に苦痛がある	13〜16人／m²

（注）群集密度（人／m²）は成人男子の場合を示す。

りの高密度である。ただし静止している場合の数値で，行動している場合には「必要な横幅は75cmとして計算すること」とされている。

　9〜9.6人／m²……9人／m²では体を横にしても，人と人との間に割り込むことは難しい。9.6人／m²になると手の上げ下げも容易ではない。

　10人／m² 以上……満員電車のドア近くでは，10人／m²程度になることは珍しくない。周囲からの体圧を感ずるのは，このレベルからである。

　11〜12人／m²……周囲から体圧が強くなり，うめき声や悲鳴が多くなる。

　いずれにせよ，10人／m² 以上は，計画密度として設定するようなレベルではない。

4-3　行列の種類

　タクシー乗り場や駅の切符売り場などでは順番を待つ行列ができる。行列は線状に並ぶ群集で，並ぶ目的から次の3種類に分類できる。
　① 開場待ちの行列：開場を待つ行列で，劇場などでみられる

図 4-4　並んでいる群集

② 入場待ちの行列：安全確保などのため，入場制限により施設内の滞留人数を一定のレベル以下に抑える場合にできる行列で，博覧会などでみられる．駅でも改札制限に伴って行列ができる
③ 順番待ちの行列：サービスの順番を待つ行列で，タクシー乗り場における客の行列は，その典型である

(1) 行列の線密度

線密度とは，切符売り場やバス停などで，行列をつくっている群集の1メートル当りの人数で，長さ方向に測ったものである．

行列が1列の場合，2.5人/m程度，2列では3.5〜4.5人/m程度だが，ダンゴ状になった行列では9人/mを超えることもある．

行列の中の人びとは，おおむね一定の前後間隔で並んでいる．いわゆるスペーシング現象である．筆者らの調査では，前にいる人の踵から後にいる人の爪先までの寸法，つまり個体間距離は15cm〜35cmの範囲

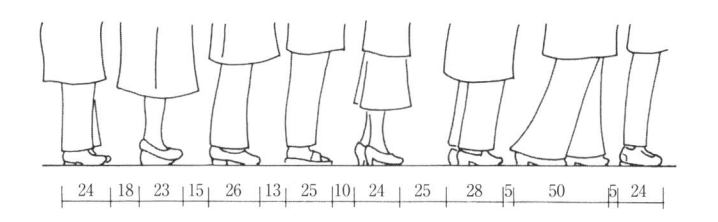

図 4-5　乗車券売場の行列（線密度 2.5 人/m）
（阪急梅田駅，1975年12月3日（水）18時の状況，木坊子敬貢氏の調査による）

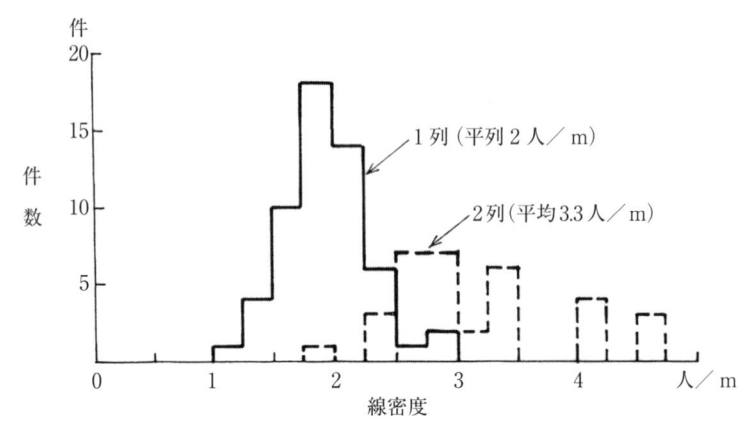

図4-6　行列の線密度
（森田孝夫ほかの調査による）

にあることがわかった．また，人体の中心線による前後間隔つまり個体間の心々距離は 40cm～60cm が多かった．*脚注3)

　ただし，行列は1列とは限らない．たとえば，上野公園前の宝くじ売場では，行列の長さは約 50m，行列の人数は 130人であった．1列並びと2列並びが混在していたが，平均行列密度は2.6人/m である．1列並びで，体を触れ合った状態では 3.3人/m という密度も観察されたが，1m に 3人以上も並ぶような密度になることは少なく，ふつうは 2人/m 前後の行列密度が多い．

以上をまとめると次のようになる．
① 1列並びの個体間距離は 15cm～35cm で，平均値は約 26cm である
② 1列並びの個体間心々距離は 40cm～60cm で，平均値は約 55cm になる
③ 1列並びでは，行列密度の平均値は 2.0人/m である
④ 2列並びの場合，1列並びよりも前後間隔が広がるので，行列密度は1列並びの2倍にはならない

＊3）森田孝夫，金尾正哉「待ち行列の線密度と個体距離に関する研究」，日本建築学会近畿支部研究報告集，1992年および河原慎治「建築・都市空間における待ち行列の線密度に関する研究」大阪大学卒業論文，1988年

(2) 行列に必要なスペース

群集がダンゴ状になると危険性が高くなる。それを避けるには行列のかたちにしなければならない。そのために最もよく使われるのはロープなどによる柵である。金属の柵は固定されることが多いが，ロープの柵は，取りはずしが容易であり，場合によってはロープを人が持つことによって臨機応変に柵の位置を変えることができる。柵の幅は，1列を想定する場合には約 80 cm，2列では約 120〜140 cm の例が多い。車椅子用には，1列でも 85 cm 以上が望ましい。

行列のためのスペースを設定するにあたっては，まず行列の人数を予測し，次にそれをどのようなタイプの行列にするかを決めなければならない。行列の長さは，予想される人数と行列の密度から求められる。

行列はイライラ感と苦痛を伴うが，イライラは群集事故の原因になる。行列はできない方がよいが，それが無理な場合は次のような対策が必要である。

① 公平さの確保：窓口によって待ち時間に不公平ができないようにする
② 割り込みの防止：割り込みを防止するための柵を設ける
③ 待ち時間の情報：あと何分待てばよいかなどの情報を与える
④ 雨天対策：屋外の行列のためには，庇や回廊などで雨天に備える

4-4　群集密度の限界

(1) 密集状態の密度

自然体の状態で成人男子の寸法を実測して図上で並べてみたのが図 4-7 である。

これによると，夏の下着を着た状態，つまりほとんど着衣のない状態で約 10 人/m^2 になる。もとより，衣服の厚さは季節によって違うから，冬用の服では，どうなるかを試みて比較すると，一人当たりの面積は冬の服装では 40％増しとなり，密度は 70％にとどまることがわかった。寒

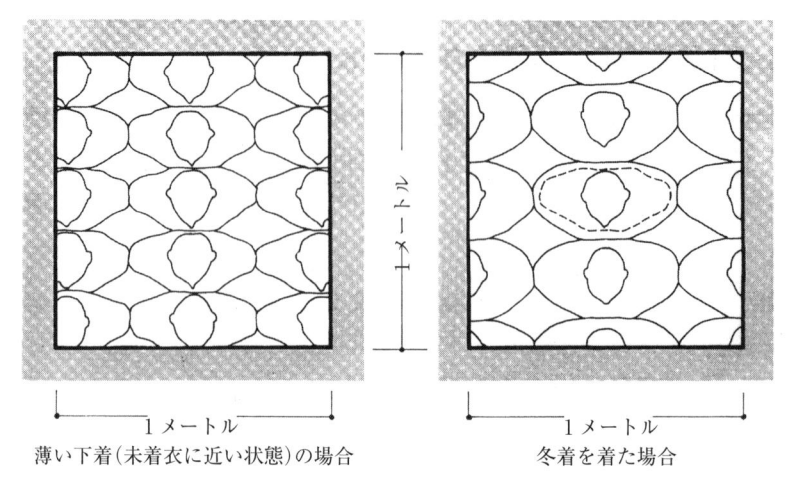

|←―1メートル―→|　　　　　　　|←―1メートル―→|
薄い下着(未着衣に近い状態)の場合　　　冬着を着た場合

図4-7　着衣による群集密度
（森　裕史「都市空間における人間の占有寸法に関する研究」大阪大学修士論文，1987年）

くなると通勤電車の混雑がひどくなるのは，このためであろう。

なお日本車両工業会によれば，夏着と冬着の肩幅の違いは男性の場合，24～44mm，女性では27～39mmであった。大きい方の数字は，いずれもオーバーコート着用時である。＊脚注4)

(2) 身体にかかる圧力の評価

人間はいったい，どれだけの密度に耐えられるものだろうか。これを調べるために，次のような実験を行なった。

最初は公衆電話のボックスを使った実験で被験者は男子と女子の学生である。内部の電話器を外すとボックスの内法(うちのり)面積は$0.7m^2$しかない。実験の結果は男女一緒の場合9人くらいが限界で，この時の群集密度は$1m^2$あたり約13人，女子学生だけだと最大11人で，密度は15.7人／m^2，男子だけの場合は10人で，密度は14.3人／m^2という驚異的な数字になった。＊脚注5)

＊4)　朝日新聞（1970年1月17日）
＊5)「建築人間工学―空間デザインの原点―」岡田光正，理工学社，1993年

2回目の実験では，横幅133cmのスペースに入った被験者が身体にかかる圧力を，どのように感じたかをアンケートした。被験者は男子の学生である。*脚注6)

以上の実験結果を総合すると，次の通りである。
① 群集密度が11人／m^2以上になると，周囲から体圧が加わる
② 密度が12人／m^2では，半数が身動きできない
③ 13人／m^2になると，急にうめき声や悲鳴が多くなる
④ 群集密度が13人／m^2を超えると，大半が押されて息苦しいと感ずる
⑤ 密度が14人／m^2では86％が非常に苦痛だと感じ，32％が呼吸困難になる
⑥ 最大の密度つまり群集密度の限界は，男子のみの場合14.3人／m^2で，女子だけだと15.7人／m^2になる。これは女子の方が，身体の断面積が小さいからであろう

人体の断面積は平均で男は640cm^2，女は600cm^2だが，人の体は弾力があって押さえつけると450cm^2まで縮むというデータもある。したがって，着衣による増加面積を50cm^2とすれば，450 + 50 = 500で，1人当りは約500cm^2だから，これを密度に直せば20人／m^2という大変な高密度になる。だが，この状態で生きてられるかどうかはわからない。

4-5 群集の圧力

英語のcrowd（群集）には「人を押す」という意味がある。つまり群集とは「押し合うもの」であり，群集事故のほとんどは過度に押し合うことから起こったものだといえよう。事故になるかどうかは群集の圧力の程度によるといってもよい。群集の圧力は主として群集の密度によって決まるので，まず群集密度と圧力の関係を知るために次のような実験を行なった。

---

* 6)「群集事故を解析する―明石歩道橋事故での群集圧力と群集密度の推定―」吉村英祐，生産と技術 Vol.59, No.3, 2007年，「群集密度と群集圧の関係に関する測定実験」柏原士郎，吉村英祐，横田隆司，飯田匡，末原隆司，日本建築学会近畿支部研究報告集，2002年

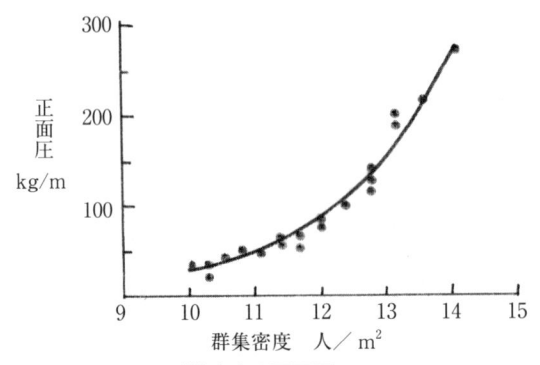

図4-8 群集密度と正面圧

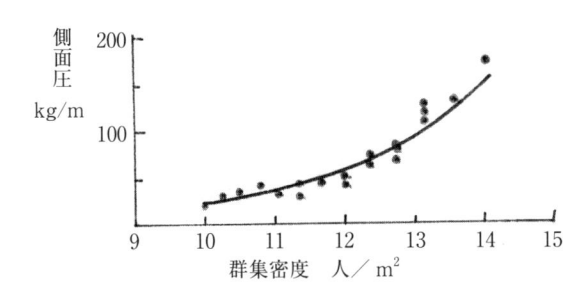

図4-9 群集密度と側面圧

　群集の圧力を正面圧と側面圧（横方向への圧力）に分けて測定した結果を要約すると図4-8と図4-9に示すとおりである。実験は上記の体感評価の場合と同じく横幅133cmのスペースに28名の被験者が入り，それに外側から圧力を加えるという方法で行なった。被験者も同じく男子の学生である。*脚注6) に同じ

① 群集密度が10人/m^2を超えると，正面圧，側面圧ともに指数的に高くなる。

② 正面圧は密度11人/m^2では50kg/mだが，密度が13人/m^2になると群集の圧力は150kg/mと高くなり，密度14人/m^2では，群集の圧力は約270kg/mにまでなってしまう。

③ 側面圧は正面圧の半分程度である。

なお群集の密度と圧力の関係については松下清夫，和泉正哲両氏によ

る研究がある。その結果によれば群集密度13人／m² で約300kg／m，14人／m² で約400kg／m，15人／m² で約540kgとなっており，上記の数値とは2倍のほどの開きがある。*脚注7)

　この理由は，筆者らの実験と松下清夫，和泉正哲両氏の実験では前提条件がことなるからで，松下，和泉両氏の実験では被験者が一方向にいっせいに押した場合の正面圧を測定している。この研究は1952年，日暮里駅で群集の圧力により跨線橋の壁が崩壊した事件が念頭にあって行なわれたものであろう。

　これに対して筆者らの場合は，一定の領域に入った高密度の群集を外部から押した場合の圧力を測定したもので，この方が過去の群集事故における状況に近いのではないか。たとえば，明石花火大会において事故発生の直前には群集は，ほとんど爪先立ちの状態で身動きもできず，全員が一つの方向に一斉に押すことができるような状況ではなかった。このことは現場で体験した人の話しでも明らかである。

　このほか集団の押す力については，表4-3のような実験の結果も発表されている。この実験は，高さ1.2m，幅1.8mの手摺を力いっぱい押したときの圧力を測定したもので，これによれば圧力は1人で押した時でも最大100kgに達する。

表4-3　人の押す力

押す人数	1人	2人	3人	4人	9人
最大値 kg	107	171	278	316	355
平均値 kg	74	151	235	310	334

(宇野英隆，直井英雄「住まいの安全学」講談社，1976年，直井英雄，田中研，岩井今朝典「建物に作用する人の力のばらつきを把握するための実験」日本建築学会大会学術講演梗概集，1992年)

---

*7) 松下清夫，和泉正哲「建築物に加わる外力及び荷重に関する資料（その6～7）」日本建築学会論文報告集56号，57号（1957年6月，7月）

4-6 群集事故で死亡するのは何故か

　群集事故においては，頭蓋骨折などの外傷のほか，踏みつけられたとか，あるいは何人もの下敷きになったことによる死傷が多いのが目立つ。
　折り重なって倒れると，上に重なった人の体重がそのままの圧力になる。胸が圧迫された場合については，動物実験による結果として
　「体重の4倍荷重で75％が10分以内に死亡する」
ことが報告されている。＊脚注8)
　これを大人の場合に当てはめると，倒れて4人以上の人の下敷きになった場合には，それだけで死亡することになる。弥彦神社事件で崩落した玉垣と共に多くの人が崖下に転落して人の山ができ，下の方の人が死亡したというのは，まさにこの例であろう。
　また大人の体重を60kgと仮定すれば，その4倍は約240kgである。前記の実験によれば，この数値は密度が13.5人／m^2 ていどになった時の圧力に相当する。つまり群集密度が13.5人／m^2 ていどになると，立ったままでも4人の下敷きになったとき以上の圧力がかかることになる。
　前記の実験では，この密度では「非常に苦痛を感じ，35％が呼吸困難になる」のだから，同じような状態になれば，表面的な外傷がなくても，かなりの人が
　「10分以内に死亡する」
ことになる。弥彦神社や明石花火大会の事故では
　「立ったまま失神した」
という人がいたが，その状態で運わるく犠牲になった人もあったのではないか。

＊8)　久米睦夫「胸部圧迫症の死亡原因に関する病態生理学的研究」日本胸部外科学会誌，9巻10号

第5章

群集の歩行

●

5-1……東海道の旅
5-2……群集の歩行速度
5-3……群集行動の法則性

5-1　東海道の旅

「年たけてまた越ゆべしと思いきや命なりけり小夜の中山」（西行）

　西行法師は晩年，東海道の難所であった小夜の中山（佐夜の中山）を越えて東国に旅したが，これはそのとき詠んだもので名歌として知られる。西行は俊乗房重源の依頼により平氏に焼かれた東大寺再興のため老躯をおして陸奥に下り，藤原秀衡に沙金の寄進を薦める勧進の旅に出た。入寂の4年前，文治2年（1186年）のことで，西行としては2度目の奥州行きであった。時代は頼朝が鎌倉に幕府を開く6年前，平安末期である。古代の道路システムは管理不十分で荒廃がすすみ，往復2,000 km以上に及ぶ徒歩の旅は，高齢の身にとっては相当な難行だったであろう。

　だが東海道は今と同じく東西を結ぶ大動脈であったから，江戸時代には重点的に整備されて旅人の往来も多かった。元禄4年（1691年）から続けて2度，長崎から江戸に往復したオランダ商館の医師ケンペルは

> 「この国の街道には毎日信じられないほどの人間がおり，二，三の季節には住民の多いヨーロッパの都市の街路と同じくらいに人が街道に溢れている。……これは彼らが非常によく旅行することが原因である。」

と書いている。＊脚注1)

　江戸の日本橋から京都は三条大橋まで五十三次126里6町（496 km）だった東海道は，その後，大坂高麗橋まで延長されて五十七次になり，江戸と大坂間の距離は137里4町（550 km）になった。

　旅人は宿場の木戸が開く明け六つにスタートし，時速3 kmから4 kmで8〜10時間あるく。1日の平均移動距離は約30 kmから40 kmで，江戸から大坂までの所要日数は，

　　　　　のんびり旅　　18日　　　　　（30 km/日）
　　　　　普通の人　　　12日〜14日　　（40 km/日）

＊1) ケンペル著，斎藤信訳「江戸参府旅行日記」平凡社東洋文庫303，第5章より．

ていどで，1日の歩行距離と歩行速度は次のようなものだった．

   男 10里（39km） 時速 4.3km （9時間/日） 72m/分
   女   8里（31km）   〃 3.8km （8時間/日） 63m/分
   平均値 33〜35km   〃 4km （8.5時間/日）67m/分

データは休憩を含む推定値で，自由意志による歩行速度である．

 なお，東海道を往復したのは旅人だけではない．最もよく利用したのは飛脚であった．飛脚は江戸・大坂間550kmを最速3日，70時間で走ったというから，大変なスピードだ．二人一組で昼夜兼行，受け持ちは宿場から宿場までの駅伝方式で，夜は片棒が提灯を持って走ったものらしい．平均すると約10km／人弱で，そう長い距離ではないが，時速は7〜8kmになる．

 ただし，これは幕府公用の飛脚で，一般庶民が利用する「町飛脚」の所要日数は並みで9日，早便で6日とされたが，もっと速い「仕立」というチャーター便もあった．当然のことながら，これは桁違いに高価で，江戸・大坂間「正三日半」の運賃は7両2分，「正四日」でも4両2分だったというから，とても庶民が利用できるものではなかった．[脚注2)] 最低料金の並便は24文（約300円）と安いが，30日を要したという．

 だが飛脚にも泣き所があって，上記のような所要日数を確約することはできなかった．理由は「川止め」である．

 「越すに越されぬ大井川」とうたわれたように，幕府は富士川，大井川，安倍川，天竜川などの川に橋を架けることを許さず，なかでも川幅の広い大井川には渡し舟すら認めなかった．防衛上の理由からだとされているが，よほど西国の外様大名が怖かったのであろう．大井川の川止めは最長28日に及び，両岸の島田と金谷の宿場は大いに繁盛したが，旅人は予定も立てられず出費もかさんで難渋した．

 幕末の慶応3年（1868年），倒幕のため江戸に進攻した官軍は，障害だった上記の川を渡るため，富士川と天竜川には漁船を徴発して舟橋をつくり，大井川には仮設の橋を架けたという．官軍は進発して13日後には箱根を占領しているから，橋を架けながらの行軍としては予想以上に早かったといえよう．

＊2)「江戸定飛脚仲間定運賃」（天保元年〜元治元年）による．

5-2 群集の歩行速度

(1) 自由歩行速度

　自由歩行速度を実験的に測定するのは意外に難しい。というのは「自由に歩いて下さい」といっても本人は意識して多少は緊張するだろうし，中には気取って歩く人もあるからだ。歩いている本人に気づかれないように測るのが基本である。

　ここでいう自由歩行とは，人が外部から何の干渉も受けない状態で，よく知っている場所路を歩いている状態をいう。群集密度が $0.5 \sim 1$ 人／m^2 以下であれば，自由に追越しができるから自由歩行が可能である。成人の場合，無意識の自由歩行速度は毎分 $70 \sim 75 m$，時速では $4.2 \sim 4.5 km$／時で，エネルギー消費が少ないとされている。

　マンションの広告などで"徒歩○○分"というのは，毎分 $80 m$／分（≒$1.3 m$／秒）で計算していることが多い。不動産公正取引協議会の規約で，そのように定められているからだが，$80 m$／分（時速 $4.8 km$）というのは日本人が普通に歩く速度としては，やや速すぎる数値で，少なくともブラブラ歩きではない。

　歩行速度に影響する条件について，これまでにわかっていることを紹介しておこう。

1) 年齢，性別などの影響

　20歳ぐらいまでは年齢が上がるにつれて歩行速度は速くなるが，それ以降は反対に遅くなる。性別でみると大人では，男女の間で $0.15 \sim 0.2 m$／秒の差がある。

　高齢者の歩行速度は筆者らの調査によれば，平均 $56 m$／分（$0.94 m$／秒）であった。これは一般の成人の $70 \sim 75 m$／分より，かなり遅いので注意しなければならない。横断歩道の青信号の時間が短すぎると高齢者は途中で立ち往生してしまうことになる。

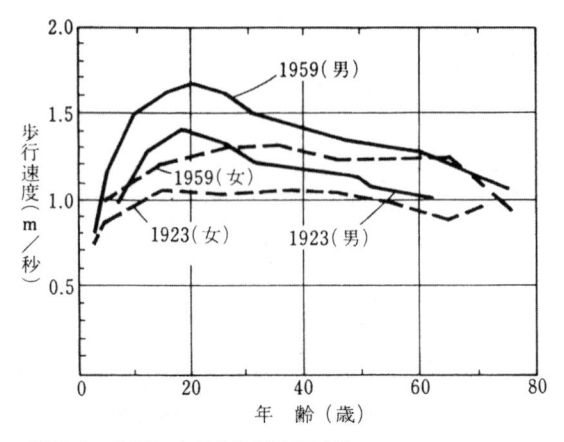

図5-1 年齢による歩行速度の変化
(石川知福氏［1923年］，戸川喜久二氏の実測
［1959年］による)

2) 子供連れや荷物のある場合

　荷物の重さは当然，歩行速度に影響するが，荷物が重いほど速度が遅くなるとはかぎらない。荷物が重くても距離が近ければ小走りなることもある。子供連れやベビーカーを押している場合には，当然のことながら歩行速度は遅くなる。

3) 心理的条件の影響

　出勤時のサラリーマンは1.5m／秒から2m／秒になることもあるが，午後はのんびり歩き，夕方の帰宅時間には足早になるという傾向がある。また，信号のある横断歩道を青信号でわたる歩行者を観測すると，青信号の終了直前に横断する歩行者の速度は，青信号開始直後に横断する歩行者に比べて2倍近く早かった。

4) グループの影響

　グループ歩行とは何人かが連れ立って歩いている状態である。筆者らが実測した結果によれば，グループ歩行の歩行速度は単独歩行に比べて，約2割がた遅かった。戸川氏によると，2人連れのでは，双方で無意識のうちに調整が行なわれ，2人の平均した速度か，それより若干遅い速

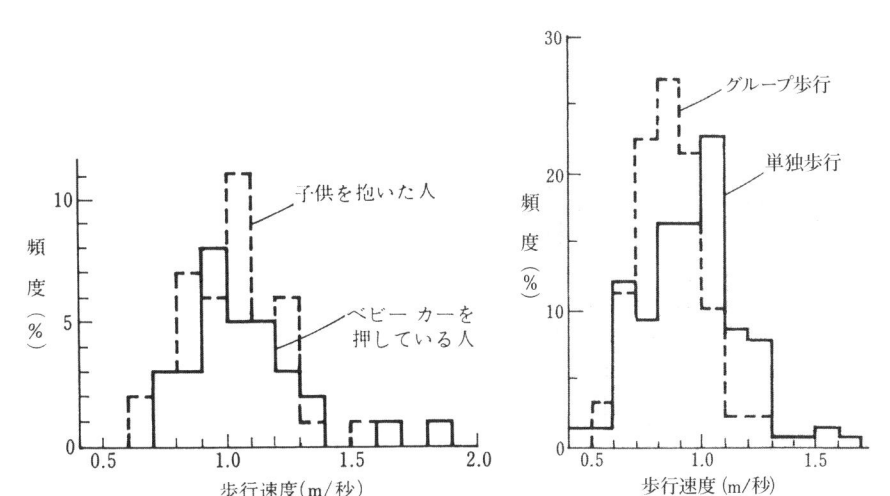

図 5-2 子供連れの歩行速度
(千里ニュータウン等での実測 [1976 年] による)

図 5-3 高齢者の歩行速度
(俵 元吉氏の実測 [1977 年] による)

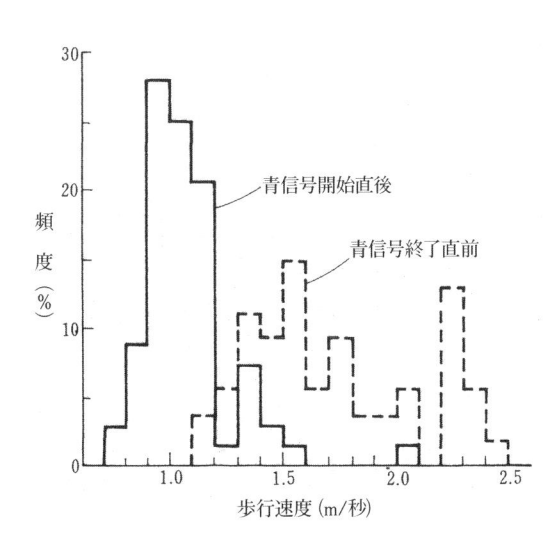

図 5-4 信号のある横断歩道での歩行速度
(大阪梅田 JR 東口における実測 [1976 年] による)

度に落ちつく。また3人以上の場合には，各人の固有速度の平均よりは幾分おそい速度になる。4人，5人となると，この傾向がさらに強くなり，最も遅い人に同調するようになる。子供づれの場合には，当然のことながら子供の速度に合せることになる。

このように歩行速度には幅があるが，おおよそ次に示すとおりである。

- ゆっくり散歩　　　　　　3.6km／時　　　　60m／分
- ウォーキング（平常歩行）　4.2～4.5km／時　　70～75m／分
- 早足（速歩）　　　　　　5.4km／時　　　　90m／分
- ベビーカーを押す人　　　1.1m／秒　　　　 64m／分
- 高齢者　　　　　　　　　0.6～1.1m／秒　　36～65m／分

(2) 群集歩行のモデル*脚注3)

群集の密度が高くなると歩行速度が遅くなることは，よく経験することで，これは自動車の場合でも同じである。交通量が多くなると，自然にスピードが低下し，ひどい時には止まってしまう。このような現象について，戸川喜久二氏は早くから次のことを明らかにしている。*脚注4)

① 群集密度1人／m^2までは追い越しも自由で，各人が好むところの自由な速度で歩けるが，密度が1.5人／m^2を超えると追い抜きは困難になるので群集全体の歩行速度は低下し始める。
② 集団の中に速度の遅い人がまじっていると，その後ろに「彗星状の集団」ができる。これは速度の遅い人を先頭にして後続者が集団になって続く現象で，その時の速度は，遅い人と同じである。
③ 密度が上がって2人／m^2を超えると，歩行速度は急激に低下するが，これは前方で通路の幅が狭くなっているとか階段がある場合に多い。前進できなくなった群集は渋滞して順番待ちの状態にな

---

* 3) 岡田光正，吉田勝行，柏原士郎，辻正矩「建築と都市の人間工学」鹿島出版会（1977年），岡田光正，高橋鷹司「建築規模論」新建築学大系13，彰国社（1988年），「建築・都市計画のためのモデル分析の手法」井上書院（1992年）などによる．
* 4) 戸川喜久二「群衆流の観測に基く避難施設の研究」学位論文（1963年）

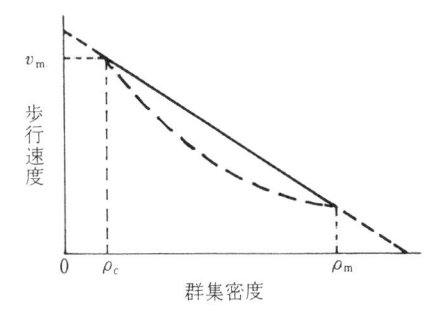

図5-5 直線モデル（実線）と曲線モデル（破線）

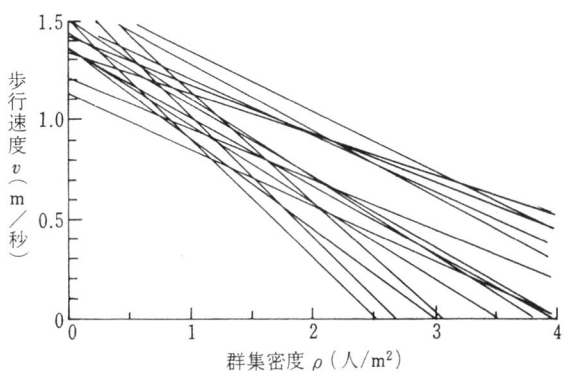

図5-6 直線モデルの例

り，密度は高くなる。
④ 密度が4人／m²以上になると，ほとんど止ってしまう。

このような歩行速度と群集密度の関係をモデルによって表すと，基本的には図5-5のようになる。対象とする群集は，追い越しのできない程度の密度で，一定の幅の通路を定常的に流動している状態を想定するが，歩行速度が低下し始める密度 ρ_c と，速度がゼロになる密度 ρ_m という2カ所の不連続点があるので，これを単一の直線や曲線でモデル化するのは難しい。そのためモデルの適用範囲を1.5m／秒内外の自由歩行速度 v_m と，それに対応する密度 ρ_c から，速度が低下して，ついには止ってしまう4人／m²当りの密度 ρ_m までとすることが多い。

このような関係を表わす数学モデルは，図5-6および図5-8に示すよ

うに，直線モデル，反比例モデル，ベキ乗モデル，対数モデル，二次曲線モデル，指数モデルなど数多く提案されている。*脚注3)に同じ

1）直線モデル *脚注4)

　密度が増加すると歩行速度が低下するという現象を最も単純に表現したモデルである。グラフでは直線になり，図5-6のように数多く提案されている。このうち歩行速度の高いモデルは通勤群集を対象としたものであり，速度の低いモデルは買物や行楽などの一般群集を対象とするものであろう。

2）反比例モデル（定流動量モデル，戸川モデル）*脚注5)

　これは戸川喜久二氏によって提案されたもので，理論モデルとしては最もわかりやすい（図5-8のA）。このモデルでは，群集密度と歩行速度は反比例するものと仮定し，したがって流動量（＝群集密度×歩行速度）つまり，ある幅の通路を単位時間に通過する人数は一定であって，群集密度が高くなっても低くなっても変化しない。

　これは実態とずれるように思われるかもしれないが，通常の範囲では実測値にも比較的よく適合し，何よりもモデルが単純明快で，コンセプトが理解しやすいというのが最大の特徴である。なお上記の流動量は群集流動係数とも呼ばれる数値で，1m幅の通路を毎秒，何人が通るかを簡単に示すことができる。水平な通路の場合，戸川氏は実測により，1.5人／m秒という数値を提案している（130頁参照）。

3）ベキ乗モデル（木村・伊原モデル）*脚注6)

　わが国における群集流動の研究は木村幸一郎・伊原貞敏の両氏によって行なわれたものが最初である[文11]。両氏は，水平な通路における一方通行の群集歩行について，実測結果から得られた密度と速度の関係からベキ乗モデルを提案した。

＊4) 岡田光正「施設規模」建築学大系13・建築規模論，彰国社（1988年）
＊5) 戸川喜久二「群衆流の観測に基づく避難施設の研究」（1958年）
＊6) 木村幸一郎，伊原貞敏「建築物内における群集流動状態の観察」日本建築学会大会論文集（1937年）

両氏の実測対象が通勤群集だったかどうかは不明だが，かなり速い群集を測定した結果であろう．さらに両氏は，自由歩行ができなくなる限界が群集密度1人／m^2内外にあることを指摘し，ここを不連続点として，その前後でモデルのパラメータを変えることを提案している．

4）指数モデル

群集密度と歩行速度の関係を指数関数で表したモデルである．このモデルを祭りの群集に対して適用した事例を図5-7に示す．

5）対数モデル（流体力学モデル）

一定の幅の通路を定常的に流れている群集は一次元の圧縮性流体とみなすことができるので，流体力学における連続の方程式と運動の方程式が成立する．この二つの基本方程式から，解として歩行速度と群集密度の関係を対数関数として表す数学モデルが得られる．*脚注4)に同じ

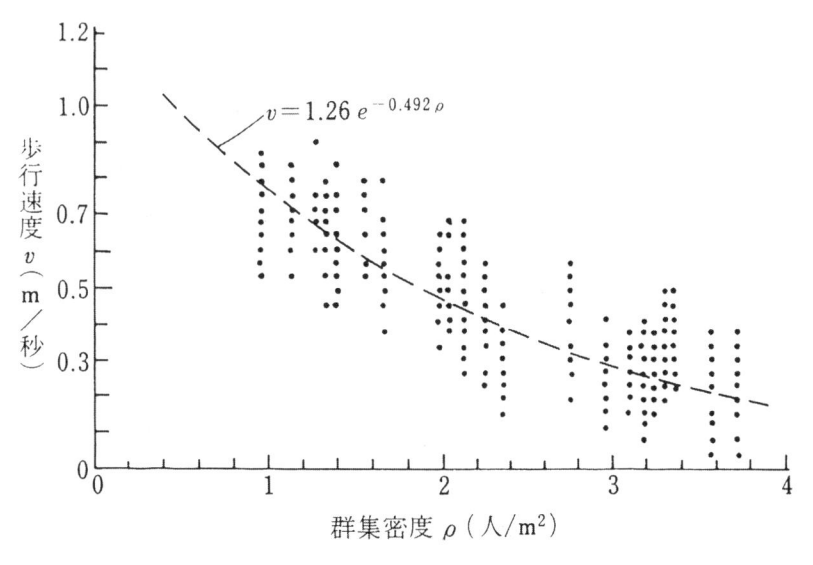

$$v = 1.26\, e^{-0.492\rho}$$

図5-7 群集密度と歩行速度との関係度 （祭り見物の群集：指数モデルの例）
（斎藤有弘氏らの実測による）

6）安全間隔モデル（スペーシングモデル，二次曲線モデル，宮田モデル）

これは群集歩行を列車や自動車の運転になぞらえ，込み合ってくると前の人に追突しないように減速して，つまり間隔を安全な範囲に保つと仮定して誘導されたモデルである。結果として，歩行速度と群集密度の関係は二次曲線になり，その形はベキ乗モデルに近い。*脚注5)に同じ

7）密度の逆数による指数モデル（影響関数モデル，中村モデル）

群集密度が歩行速度に及ぼす作用の強度を与える影響関数を定義することによって，密度と歩行速度の関係を導いたモデルである。影響関数として密度の逆数，つまりスペーシングによる指数関数を用いると，このモデルは，密度が低い場合の速度は自由歩行速度として一定になるという現象をよく表現するが，これは他のモデルでは，できなかったこと

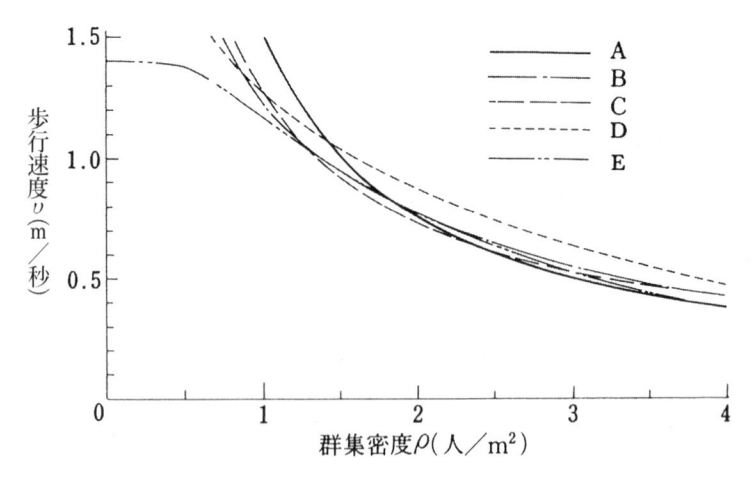

A：反比例モデル　　　　　　　　　$v = 1.5/\rho$
B：安全間隔モデル　　　　　　　　$v = -0.26 + \sqrt{(2.36/\rho) - 0.13}$
C：ベキ乗モデル　　　　　　　　　$v = 1.272 \cdot \rho^{-0.7954}$
D：対数モデル　　　　　　　　　　$v = 1.32 \log_{10}(9.16/\rho)$
E：密度の逆数によるモデル　　　　$v = 1.4 - 1.7 e^{-2/\rho}$
vは歩行速度，ρは群集密度を表す

図 5-8　曲線モデルの例

である。*脚注4)に同じ

　以上の7種類のモデルのうち、直線モデル、反比例モデル、ベキ乗モデル、指数モデルは実測値をプロットして、実験式的に求めたモデルであり、対数モデル（流体力学モデル）モデル、安全間隔モデル（スペーシングモデル）、影響関数モデルは理論的に誘導されたモデルだといえよう。このうち、直線モデルと反比例モデルは単純明快で、感覚的にもわかりやすいが、流体力学モデルの美しさも捨てがたいものがある。

　図5-8は、各種のモデルを比べてみたもので、これを見ると歩行速度1.5 m／秒内外から群集密度4人／m^2前後までという実用範囲では、ほぼ同じところを通っている。しかもモデルは中心値を示すのみで、実現値はそのまわりに広く分布するのが普通だから、通勤群集のように比較的、速い群集の密度と歩行速度の関係は、いずれのモデルを用いても結果としては大きな差はないと考えてよいであろう。

　ただし、モデルが通勤のための歩行を対象とするものか、買物行動を対象とするものかによって歩行速度のレベルが違うので注意しなければならない。

(3)　プラトゥーン効果（Platoon Effect）

　群集がプラトゥーン化すると、部分的に密度が高いところがあっても、流動量の平均値は低くなる。これを「プラトゥーン効果」という。これは要するに、混雑感は平均値では評価できないということである。

　歩道を通る人びとの流れを観察すると、ひとつの集団のようなかたまりが通ったかと思うと、とぎれたりして一様ではない。歩行者がプラトゥーン化する原因としては、次の3つが考えられる。

　その第一は、歩行速度の遅い人が先頭にいると、追い越しができない場合には、その後に歩行者がたまってしまうからだ。さきにも述べた「彗星状の集団」である。

　第二は、地下鉄やバスなどが一定の間隔で群集をはき出すからだ。

　第三の理由は、交差点の信号によって、歩行者の流れが周期的に断続するためである。

（4） 群集流動係数

群集流動係数とは，出入口などについて幅員1m当り毎秒，何人通過するかという数値（人／m・秒）であって，計画上，重要な指標である。通勤群集は毎日かよい慣れているので，流動係数は大きくて，バラツキも少ないが，図5-9を見ればわかるように，一般の群集では流動係数は小さい。

なお，駅の通路等における幅員の算定は，1m当り1時間に3千人というのが，ひとつの標準とされる。プラトゥーン効果を考えると，この数値は混雑感の限界で，歩行速度が低下しはじめるポイントといえよう。

なお，群集流動係数を流率ということもあるようだが，「率（rate）」は割合を示すもので，たとえば，百分率，確率，利率，出生率，失業率，建蔽率，容積率などのように，普通は1より小さい値になるので，％で表されることが多い。これに対して係数（coefficient）は物理的な2つの量の間の関係（比率）を表し，摩擦係数，膨張係数，比例定数などでは，1より大きい値になることもある。群集流動係数は通路の幅員と通過する人数の間の関係を表すものであり，％で表されることはない。

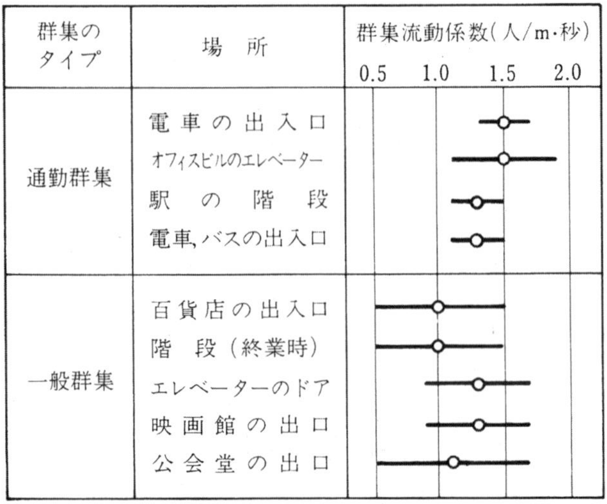

群集のタイプ	場　所	群集流動係数（人／m・秒） 0.5　1.0　1.5　2.0
通勤群集	電車の出入口 オフィスビルのエレベーター 駅の階段 電車，バスの出入口	
一般群集	百貨店の出入口 階段（終業時） エレベーターのドア 映画館の出口 公会堂の出口	

図5-9　群集流動係数（戸川喜久二氏による）

5-3 群集行動の法則性

　人は各自が自由意志で行動しているつもりでも，結果としては他の人びとと同じ行動パターンになっていることが多い。したがって，人が集まって群集の状態になると，同じ行動パターンが集積されて大きな流れになる。これは命令や指示がなくても自然発生的に現れるものだから，その中から行動の法則性を見い出して，事故が起こらないようにしなければならない。

(1) 時間的行動のパターン

　人びとの行動は時間的に変化するが，そのパターンの特徴は周期性である。変動の周期には，1日を周期とする時刻変動，7日を周期とする曜日変動，1年を周期とする季節変動がある。ほかに規則的な周期を持たないものとしては，ランダムな確率的変動と，経年変化つまり傾向変動がある。このような変動パターンは重複して現われることが多い。

　なお，多くの人びとが利用する施設では特定の時間帯に利用が集中するという現象があり，その集中パターンは「時刻指定型」と「自由時間型」に分けることができる。

1) 時刻指定型における集中現象

　東京や大阪の通勤電車や地下鉄の運転間隔は，いま最短で約2分間隔だが，運転技術からは，これを1分40秒程度まで短縮することはできるという。だが，そこまで縮めると今度は，すし詰めで到着した列車のドアから出入する時間やホームの処理能力が問題になる。つまり前の列車から降りた乗客がホームに残っている間に次の列車が到着しても，ホームが一杯だと降りられない。こういう状態は問題だが，ほとんどの会社や学校が，ほぼ同じ時間帯に仕事や授業を始めるという社会的習慣が続くかぎり，通勤，通学の混雑が解消されることはないだろう。

　ところで，集中の程度を数量的に表わすには，

集中率 ＝ ピーク時における単位時間内の到着者数／全到着者数

で定義された「集中率」を用いるのが便利である．この場合，単位時間としては5分間，30分間，1時間などを採用することが多く，それぞれ5分間集中率，30分間集中率，1時間集中率と呼ぶ．その使い分けは，短時間に鋭いピークを示すものほど，単位時間を短く設定すればよい．たとえばオフィスビルにおけるエレベーター台数の算定には5分間集中率が用いられる．通勤駅では30分間集中率または1時間集中率が適当であろう．

　毎日くり返される通勤や通学に関して群集事故が起こることは，ほとんどないが，劇場やホールなどで開催されるイベントなどにおいては，すでに紹介したような事故発生の事例がある．それも，主として入場とか開場のさいに客が集中するのが要因のひとつになっているケースが多い．

2）自由時間型の時刻変動パターン

　自由時間型とは，利用時間がたとえば9時から5時までというように決まっている場合であり，ショッピング施設，外来診療，図書館，美術館，博覧会などがこのタイプに属する．営業時間や開館時間として利用可能な時間帯があり，その時間幅の中であれば，いつ行なってもよいことになっている．集中率は一般に低いが，全く集中がないわけではない．

　たとえば図5-10のように，週末に繁華街に来る人びとの時間的集中のパターンは，地区や時期が違っても，ほとんど同じ集中の形になる．とくに滞留人員は午後2時から3時をピークとする山型を示す．休日のデパートやショッピングセンターでも，繁華街と同じく午後3時頃にピークがある．

　いずれにせよ，厳しい時間的な制約がなくても多人数の集まるところでは，ある程度の集中は避けられない．これは多人数のインフォーマルな行動における法則性のひとつであり，この理由としては，次のようなことが考えられる．

　まず，第一は，生活時間の一致である．多くの人びとが似たような時刻に起き，食事をし，仕事を始めるため，結果として同じ時間帯に出掛

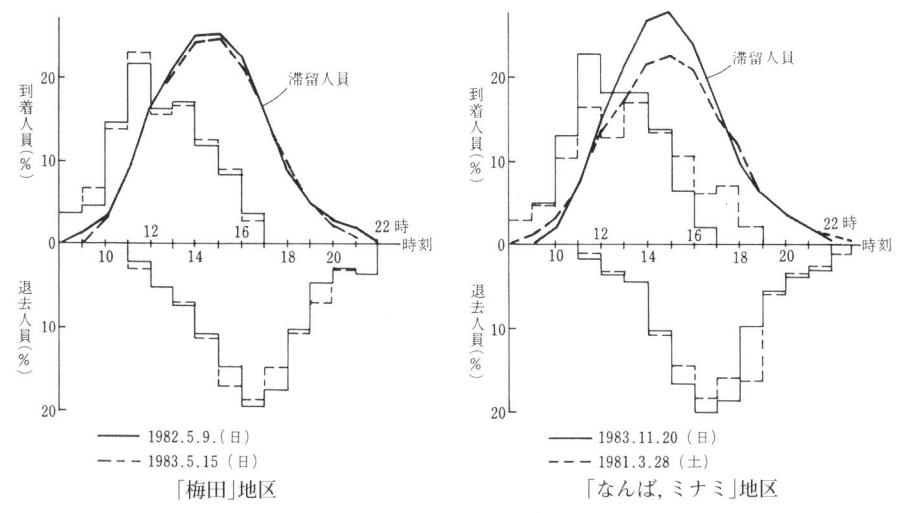

図5-10 繁華街における人びとの時間的集中*脚注7)

けるからである。

　第二は，何時から何時までという利用可能な時間幅の規定があるために，無意識のうちに両端の限界に近いところを避けようとし，結果的に中央部に集中する。

3) 曜日変動のパターン

　曜日変動とは1週7日を周期とする変動で，週単位の生活が制度化されていることによって起こる規則的な周期変動である。曜日変動の型は大別して2つある。その第一は，仕事型で，週末または休日には利用者が極端に少ないという型であり，これは大部分の事務所，工場，学校などが含まれる。第二の型は，レジャー型とでもいえるもので，週末または休日に人出が集中するショッピング施設，動植物園，遊園地，観光施設などがこれにあたる。

　週休2日制が普及したため，最近では曜日変動の状況も違ってきた。たとえば，都心の繁華街では，夕刻からの人出のピークが土曜日から金

---

*7) 朝日新聞大阪本社「なんば来街者調査報告書」(1981年)，日本経済新聞大阪本社「ミナミ」(1984年)，同上「梅田来街者の特性と行動」(1982年)，同上「梅田」(1983年) などから作成．

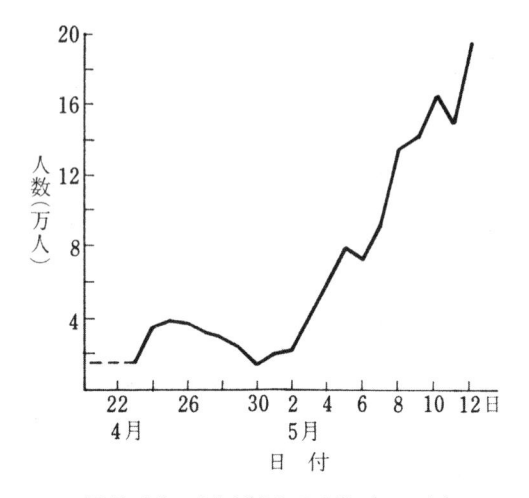

図5-11 おかげ参りの人数 (1971年)

曜日に移っている。休日が増えることは，レジャー型の人出が分散することにつながり，群集整理の面では都合がよい。

曜日変動は人びとの行動特性として定型化されているが，とくに著しいのは週末または休日に利用が集中する「余暇利用型」とでもいえるタイプである。このタイプでは，日曜，休日は平日の2倍から3倍に達する。通常，1週間の入場者の約半数近くが日曜日に集中し，あとの半数が週日に分散する。土曜日は日曜日と週日の中間値を示すことが多い。

4）傾向変動—尻上がり現象—

曜日変動や季節変動のような周期的な変動ではないが，日がたつとともに「しり上がり」に利用人員が増加するという現象がある。図5-11は「明和神異記」に記録された「おかげ参り」の人数をプロットしたものである。「おかげ参り」とは，江戸時代に数十年おきに繰り返された伊勢神宮への集団的な参拝のことで，数カ月続いた後，終焉した一過性のブームであった。この図を見ると数日のあいだに爆発的に増えていった様子がよくわかるであろう。展覧会や博覧会でも，評判がよいと，会期末に急激に観客が増加して大混雑になることがあるので注意しなければならない。

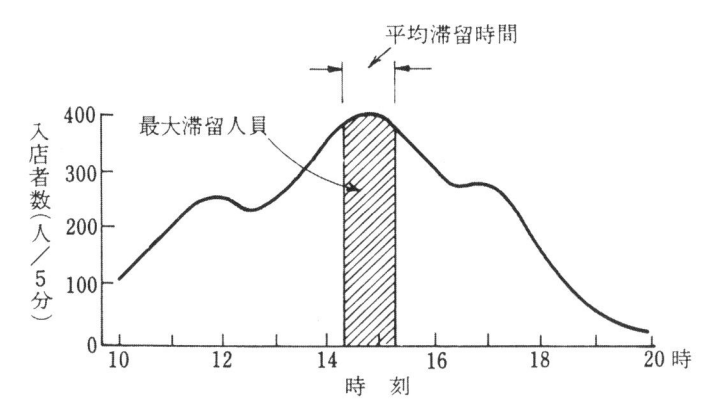

図5-12 最大滞留人員の算定法
（時刻変動のパターンはNショッピングセンターにおける実測値）

5）滞留人員の時刻変動

　ショッピングセンター，百貨店，展示館などにおいては，事故防止の観点からいえば，総利用人員とか到着人員の時刻変動だけでなく，滞留人員の時刻変動，とくに最大滞留人員が重要な意味をもっている。

　滞留人員の大きさを決めるのは，一日の総利用人員と到着数だけでなく，滞留時間の長さが支配的な意味をもつ。というのは，到着人数が同じでも滞留時間が2倍になれば図5-12からもわかるように滞留人員も，ほぼ2倍になるから注意しなければならない。

(2) 日常的に表れる空間的行動のパターン

　空間的行動のパターンには日常的なものと，非日常的つまり非常のさいに現われるもの，および多くの人が集まって群集の状態になった時にみられる行動がある。

1）左側通行

　商店街や歩行者天国を歩く群集は，込み合ってくると左側通行になることが多い。大阪の心斎橋筋の老舗には，このことを前提にして，図5-13のようにショーウインドなどをレイアウトした例があった。「あった」と過去形にしたのは，最近は業種も変わって以前のような経験的知

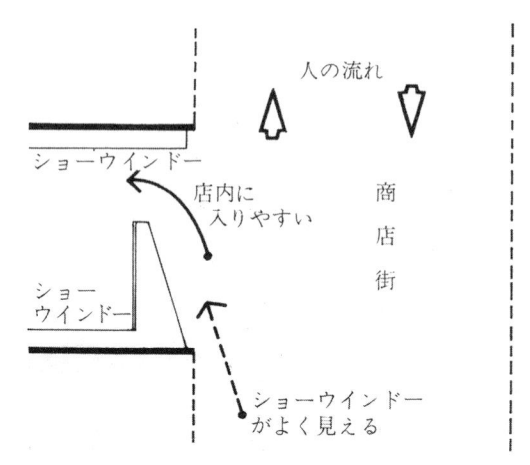

図 5-13　左側通行を前提としたショーウインドー

識は重視されなくなったのか，あまり見かけないからだ。

　ラッシュ時の駅の通路や階段でも同様で，戸川喜久二氏によれば，歩行者の密度が 0.3 人／m^2 を超えると，自然発生的に左側通行になるという。京都では祇園祭の宵山には数十万の見物人が出て，幅 20 m ほどの四条通りを埋め尽くすが，人の流れは見事に左側通行になる。最も壮大な群集の流れで，警察の規制があるからだという見方もあるだろうが，自然に現れる法則性に逆らわないので，うまくいっているのであろう。

　日本人が左側を通行する原因については，人間は左の方からの攻撃に弱いからだという人体構造起因説から，武士は腰の左側に刀を差していたので，狭い道で右側を歩くと鞘当が頻繁に起り，そのたびに果し合いになったのでは，お互いに迷惑だから，それを避けるために左側を歩くという江戸時代の習慣のなごりだとする説まであるが，どれも決定的とはいえない。また，わが国では左側通行だから，上記の説が成立すとしても，それでは欧米は，なぜ右側通行であろうか。

　これについては，西部劇に詳しい映画評論家の水野晴郎氏によれば，開拓期のアメリカでは拳銃を撃ちやすいように道の右側を歩いたからだという。＊脚注8)

＊8）水野晴郎氏および岡部冬彦氏による．サンケイ新聞（1980 年 7 月 27 日）

一方，道路交通法では

「歩行者は歩道又は歩行者の通行に十分な幅員を有する路側帯と車道の区別のない道路においては，道路の右端に寄って通行しなければならない。ただし道路の右側端を通行することが危険である時，その他やむを得ない時は道路の左側端に寄って通行することができる」

となっている。

いわゆる「車は左，人は右」の対面通行を定めた条項だ。むろん商店街や地下街のような歩行者専用の道路は，ここにいう歩道と車道の区別のない道路ではないから，左側通行でも法律違反ではない。また条文のただし書きの部分の解釈の仕方で，どうにでも運用できるから，実害はないということだろうか。

駅の階段などでは「ここでは左側通行」という表示を見かけることもある。ほうっておけば自然に左側通行になるのだから，日本人の行動パターンからは無用の標識とも思えるが，乗り換え通路には「右側通行」の標識が必要な場所もあるので，混乱を避けるためには「左側通行」の表示もあった方がよいかもしれない。

2）近道行動

公園や団地などの芝生には，踏み跡が道になっているところをある。よく見ると最短コースになっていることが多い。近道行動である。歩く人はエネルギーと時間の消費をできるだけ少なくしようとする習性があり，それが行動パターンとして定着している。

横断歩道では図5-16よのうに斜めに歩く人が多い。これに対して道路交通法には

「歩行者は，交差点において道路標識などにより斜めに道路を横断することができるとされている場合を除き，斜めに道路を横断してはならない」（第12条）

とあるが，人間の行動法則を考えると，たんに規定しただけでは，安全性を確保したことにはならない。

図5-14 ターミナル駅周辺での人の流動
　　　　日本最大の乗降客数で，通勤や買い物，催しなどに全国各地から人びとが集まる。

図5-15 スクランブル交差点での人の流動
　　　　主要交通機関が集中し，デパートや商業施設に行き向かう人びとで混雑がつづく。

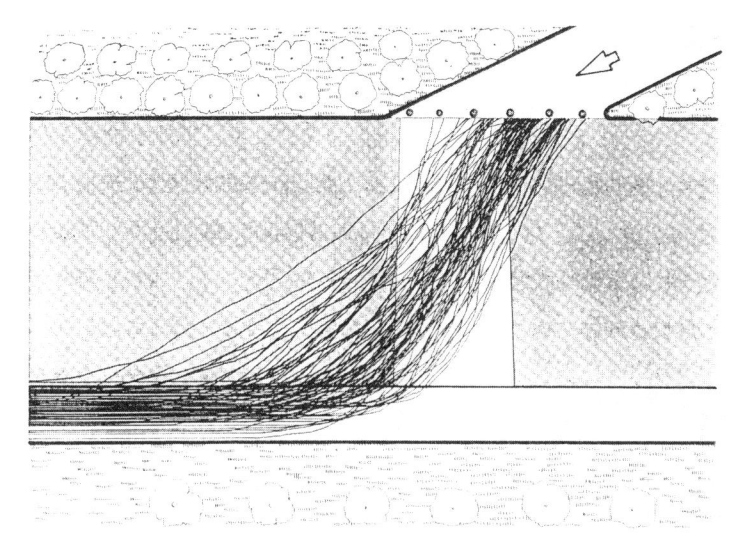

図5-16　横断歩道における歩行の軌跡（阪野正幸氏の調査による）

（3） 非常の際における行動パターン

　火災が発生した場合などに，人はどのように行動するか。これは避難計画を立案するためには是非とも知っておかねばならないことだ。とくに不特定多数の人が利用し，しかも人数が非常に多い大型の商業施設や地下街などでは，非常時の行動パターンを考慮した避難計画が必要である。古くは死者14名を出した白木屋百貨店火災（1932年）および，死者100名以上を出した大阪の千日デパート火災（1972年）や熊本の大洋デパート火災（1974年）などにおける避難ルートの調査などから，非常の際の群集は次のような行動を示すことが多いことがわかった。

① よく使っている出入口や階段に向かう
　　動物は身に危険を感じると，もと来た道を引き返す「逆もどり行動」の習性があるという。猟師はこの習性を利用して待ち伏せするので「いのしし口」ともいわれる。
　　人も火災などの非常時には，もと来た道か通ったことのあるルートを選ぶのが普通で，知らないルートを通ることは少ない。

② 明るい方に向かう
　　煙に追い詰められた時などは，明るい方向に本能的に移動する。
③ 開かれた空間に向かう
　　通路の分岐点に来たときは，より幅員が広いか，より天井の高い方向に向かう。
④ 他人の後を追う（後追い行動）
　　状況が切迫すると，何も考えないで人の後を追って同じ方向に向かう。
⑤ 炎や煙をおそれる
　　これも動物の本能的な行動であり，人間にもあてはまる。
⑥ 狭いところに逃げ込む
　　炎や煙に追いつめられた場合にみられる。

第6章
群集流動のシミュレーション

●

6-1……群集流動をどうシミュレートするか
6-2……都市防災のシミュレーション

6-1 群集流動をどうシミュレートするか

シミュレーション（simulation）とは，実際に調査や実験ができない状況を模型やコンピュータ上で模擬的に再現することをいう。人間の行動には不確定な要素が多いので，条件を変えてシミュレーションを行なう必要があり，コンピュータの利用が不可欠となる。またシミュレーションの結果をCGを用いてビジュアルに表現できる環境も整備されているので，建築設計のプレゼンテーションツールとしても有効になっている。群集流動のシミュレーションは人間の行動をコンピュータ上のモデルで表現しようとする純粋な研究だけでなく，行動を予測して競技場や博覧会の会場などを計画するための手段として用いられことも多い。

(1) シミュレーションの前提条件

シミュレーションには現実に近い条件設定が欠かせない。だからといって，シミュレーションの精度を上げようとすれば，必要なデータや手間が増える。また精度を上げたからといって，必ずしも現実に近づくわけでもない。シミュレーションの結果にどの程度の精度が要求されるのかを明確にして，「木を見て森を見ない」ことのないように単純化することも大切である。

1) 空間のモデル化

コンピュータ上で空間をモデル化する場合，一般に対象とする建築空間を単位空間に分割して，それらの集合として空間を表わす。その上で単位空間ごとに，収容量，最大密度，通路の形状，バリアー（障壁），出入口などの歩行環境を属性値として与える。単位空間としては，大きく分けて「ネットワーク」と「メッシュ」という2種類のデータ構造がある。

ネットワーク構造では，人のいる空間を意味のある小空間に分割してノードとし，それらの小空間同士のつながりをリンクとし，これらのノードとリンクにより空間を表現する。このようにネットワークでは小空間同士のつながり方に重点がおかれる。

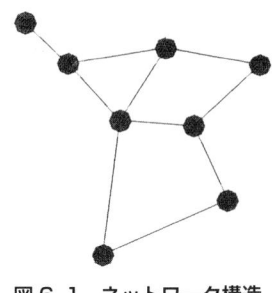

図6-1 ネットワーク構造

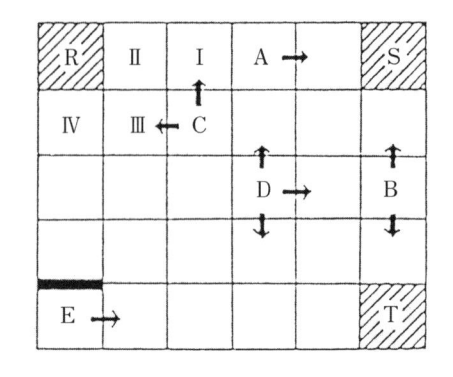

図6-2 メッシュモデル

　一方，メッシュ構造では，格子状のグリッドで空間を単位空間（メッシュ）に分割し，メッシュの集合体として空間を表現する。メッシュの形態としては，コンピュータ上での扱いやすさから長方形が一般に用いられるが，その場合，人が移動できる方向は4方向に限られてしまう。斜め方向への移動を加えても8方向である。このようにメッシュ構造には移動方向に制約があるため，より自由度の高い6角形のメッシュを提案した事例もある。(文A16, F12)
　なお，ネットワークやメッシュのほかには，ゾーン構造と呼ばれるモデルがある。(文F4)この構造は，空間として均一な領域をひとつのゾーンとして空間全体をゾーンの集りと考えることから，ネットワークとメッシュの中間的なものといえよう。さらに，1人ひとりの歩行を正確に表現しようとするシミュレーションモデルでは，対象とする空間をモデル化しないで，実際の空間形態を，そのまま用いることもある。(文A3)

2）人間の扱い

　人間がコンピュータの中で，どのように扱われているかについては，基本的に，あるまとまりを単位グループとして，その単位ごとに属性を与える。その場合，以前はコンピュータの記憶容量が少なかったこともあって，人数の大きい事例では幾つかの大きな集団として扱い，この集

団が空間の中を移動すると仮定していた。とくに空間がメッシュ構造で表現された場合，単位メッシュ内の人間を1グループとして考えることが多かった。最近は群集を家族，友人などのように小さなグループ単位で扱うことが多い。

人間の行動を完全にシミュレートしようとする事例では，当然のことながら，1人ひとりを独立して扱う。最近ではエージェントモデルというモデルで人間の行動をモデル化した研究もある。(文A3, 6, 16, 17, 22, 23)

3）歩行経路

空間単位から別の空間単位への移動方向を決めるルールとしては，目的地までのルートをあらかじめ設定しているもの，(文A1) その空間から目的地までの最短距離となる方向を逐次計算するもの，(文E6) 遷移確率を用いるものなど，(文C1) シミュレーションの目的により，さまざまの試みがある。また博覧会などのように目標がひとつではなく，ぶらつきが生じる場合には，方向の変化，停止，休む，遊ぶなどの動作を表現できるようにしなければならない。

いずれの場合にも空間と人間の関係により，流出比率や経路選択を考慮する必要がある。とくに都市防災のシミュレーションのように，いかに早く住民を避難させるかという計画を立案するための道具として用いる場合には，最短距離で避難地域へ向かうように移動させているものが多い。(文F8など)

ユニークなものとしては，移動先で人が滞留していれば他の方向に迂回するようにしたもの，(文A1) 移動の方向を空間や施設の吸引力で決めようとするもの，(文A2〜5) 混雑を不快感やストレスとして方向を決めるもの，(文A8, 20) 通路上での回避行動を表現したもの(文A19) などがある。

4）歩行速度

メッシュ構造を用いたものでは，ひとつのメッシュを移動するのに要する時間を単位時間として，実質的に歩行速度を固定しているものが多い。(文F8など) なかには歩行速度と群集密度の関係式を用いて，それぞれの単位空間における密度を計算して，その集団の歩行速度を算定する事例もある。(文A1など) 一方，ネットワーク構造では，グループごとに歩行速

度を与えているものが多い。また，エージェントとして個々の歩行者の歩行速度を可変として対応する例もある。

　商店街における人の移動のように，歩行速度よりも移動経路の方が重要な場合には，歩行速度が明確に設定されないこともある。(文D1など) また，博覧会場のように移動手段が徒歩だけでなく，動く歩道，会場内のバス，モノレールなど多岐にわたる場合には，それぞれの選択率や速度も考慮しなければならない。また，最近では車椅子利用者など通常の健常者よりは歩行速度が遅い人びとを考慮する研究も現れている。(文E22～24)

5）システム言語

　シミュレーションを行なうシステムは，GPSSやDYNAMOなどのシミュレーション言語で構築したものと，(文C10) FORTRAN，BASIC，Cなどの汎用言語で作成したものに大別される。シミュレーション言語を利用すればパラメータやデータを用意するだけでよく，個々の群集の移動といった面倒なアルゴリズム作成の必要がない。また人間の心理的な面を考慮するために人工知能言語であるprologを用いたもの，(文E11) 利用者の行動を組み込むために，smalltalkを用いたもの(文A15, C11) もあったが，最近，プログラム言語ではC++が全盛のようであるし，artisocなどエージェントを扱えるシミュレーションシステムも現れている。

6）出力結果

　出力データとしては，コンピュータの能力が低い時代には，数値をプリントアウトするしかなかったが，最近はディスプレイ能力も向上しているので，リアルな空間におけるシミュレーション結果をリアルタイムで表現することもできるようになった。このような視覚化(文E16) は，施主へのプレゼンテーションなどに重要なツールとなっている。

(2) シミュレーションにおける留意点

　シミュレーションは，ある条件の下で，あるモデルを使って行なわれるものだから，条件が異なれば結果にも若干の違いが生じるのは仕方がない。だが，明らかに誤った仮定を設けている場合は問題だ。コンピュー

タを簡単に利用できるようになり，シミュレーションの事例も多くなっているので，注意すべき事項をいくつか述べておこう。*脚注1)

1) 遷移マトリックスを用いるケース

　人間をメッシュやネットワーク空間の中を移動させる場合，単位時間内に人間がある単位空間から別の単位空間へ移動する確率を，単純な遷移マトリックス表の形で与えている事例があるのは，歩行経路のところで述べたとおりだ。しかし遷移マトリックスをもとにした場合には，人間の行動を単純な"マルコフ連鎖"として表現することになる。つまり単位時間ごとの行動は互いに独立ということになり，過去とのつながりが全くないものとして人間の行動を扱うことになる。したがって，こうしたことを十分に吟味しないままで，このマトリックスをもとに行動をシミュレートしても，その結果が行動の実態を反映したものとはいえない。

2) 群集密度と歩行速度の関係を用いるケース

　群集の歩行速度を設定するに当たって，反比例モデルやベキ乗モデルなどの関係式を用いている事例は多い。しかし，これらの関係式の大半は通勤群集を対象に実測した結果を回帰したものである上，それらの関係式を求めるのに使った観測値の群集密度の上限は3.5人／m^2ぐらいであることが多い。したがって，一般の群集流動のシミュレーションに，このようなモデルをそのまま用いるのは適当ではない。また通勤群集に適用する場合でも，群集密度が3.5人／m^2をはるかに超える範囲まで外挿して用いることはできない。

　さらに，モデルを密度と流動量の関係に置き換えてみると，反比例モデルは密度が高くなっても流動量は一定であり，ベキ乗モデルでは密度が高くなると流動量は多くなる。実際には密度が上がると歩行速度も流動量も低下し，密度が4人／m^2程度になると流動は止ってしまう。したがって，これらのモデルを避難シミュレーションに適用すると，密度が高いところでは設定が危険側になる。このようなケースでは群集流動

---

*1) この部分は，古田勝行が第1回電子計算機利用シンポジウムにおいて発表した内容（文1）にもとづいている．

のメカニズムを正しく組み込んでおかないと，とんでもなく高い密度のままで群集が流れていることになるので注意しなければならない。

3）モンテカルロ法を用いるケース

モンテカルロ・シミュレーションでは大量の乱数が必要になる。だが，コンピュータで発生できる乱数は疑似乱数だから，コンピュータ・シミュレーションにおいて乱数を使用する場合には，どんな方法で乱数を発生させたか，初期値はいくらか，周期はいくらで，いくつの乱数を使ったのか，その範囲では疑似乱数を真の乱数とみなして差し支えないか，結果は充分収束しているか等が明らかにされて初めて意味のある結果になる。またモンテカルロ法は，結果のばらつきをみるのに有効だが，得られた結果を平均してしまうと決定論的モデルと同じことになるので気をつけなければならない。

(3) 対象ごとにみたシミュレーションの事例

1）通路などにおける歩行のシミュレーション

通路における人間の歩行をひとりずつ表現しようとするモデルは，いくつか発表されている。このような行動モデルでは，いかに人間の歩行

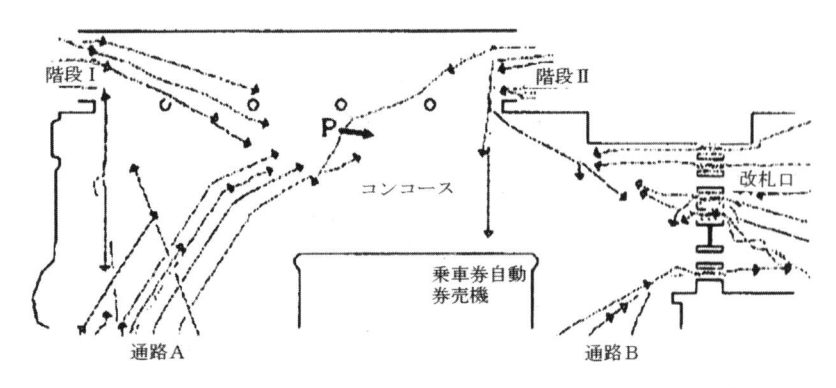

図6-3 通路におけるシミュレーション事例（京阪電鉄三条駅地下コンコース）
（松下　聡，岡崎甚幸「待ち空間を考慮した群集歩行のシミュレーションモデルの研究」，日本建築学会大会学術講演梗概集，1989年10月）

を忠実に再現できるかがポイントで，とくに歩行者が次の行動判断を，どのように行なうかを予測するのが重要だ．

シミュレーションの方法には，空間を人間ひとりしか入れない大きさのメッシュで分割して行う方法と，(文B3) まったく自由空間を歩行させるものがある．(文A15) 後者には磁気モデルにより他人や障害物を避けるように行動させたものや，(文A2) 周辺環境の状態により方向を変えるものがある．(文A9)

こうした1人ひとりの行動を集めて群集歩行をシミュレートする場合，密度が高くなれば速度や方向なども逐次，変化させることも考えなければならない．つまり個々の歩行経路は目的地までの最短経路を取るとしても，他の歩行者や障害物などによって方向を変えるという操作が必要になる．(文A19) さらに階段室内の状況を表現したもの，(文A12) 迷いやすい空間における探索行動を表現したもの，(文A13) 駅の切符売場といった待ち空間での行動を考慮したもの，(文A14) 情報の伝達過程を考慮したものなどもある．(文A17)

2) 鉄道駅における群集のシミュレーション

鉄道駅では短時間に通勤群集という大量の群集を処理しなければならないからか，ラッシュ時における群集の効率的な処理方法の開発を目的としたシミュレーションが多い．そこでは群集の規模や方向を決定する通路幅員や出入口の位置の扱いが重要となる．

ただし休日の行楽群集とは違って，通勤群集は訓練された群集だから，行動特性は比較的扱いやすいのではないか．つまり通勤群集は同じ属性を持つものと考えて，乗客が列車から降り，プラットホームから階段を通ってゲートを出るまでをシミュレートすることになる．(文B9 など)

また，メッシュ構造のメッシュを人間ひとり分まで小さくすれば，1人ひとりの行動を表すモデルになる．そのようなモデルを用いてプラットホームの上で，まっすぐ歩行するものや斜めに移動するものを表現しようとする事例もある．(文B3) そのほか，駅構内で問題となる交錯群集について，交錯するとき，人が迂回行動を行なうのをメッシュの斜め方向に移動するものとした事例，(文B6) 蛇行を考慮した事例 (文B8) や店への立ち寄りを考慮している事例などがある．(文B7)

3) 博覧会などにおける観客のシミュレーション

1990年の「花の万博」のように，連日20万人近い人が1カ所に集ることは，今後はないかもしれないが，花火大会や天神祭りのように多くの人出が予想される催しは今後も続くであろう。

このような場所では，いかに混雑をなくし効率よく群集をさばくかという計画上の問題としてシミュレーションが必要になる。

このようなシミュレーションでは，会場空間のモデル化と群集の移動モデルが重要だ。とくに施設の配置，場内の交通機関が群集の流れに大きく影響する。また，パビリオンなどに到着した群集は，そこで一定時間滞留するものとして扱い，滞在時間も属性により変化させる。

会場空間は，パビリオンなどの建物とその周辺一帯を1単位としてゾーン構造とするか，(文C4) 各建物をノードとし，通路をリンクとするネットワーク構造として扱う。(文C6など) また，防災避難と違って素早く移動する必要もないから，群集はランダムに近い行動をとることが予想される。したがって，歩行速度をとくに考慮しないで，移動方向を遷移確率で表現する事例が多い。(文C1)

さらに詳細な事例としては，各施設の魅力度の違いすなわち観客の集り具合を表現するためにグラビティーモデルやエントロピーモデルを援用した事例(文C5) や，性別，グループ構成，来園回数などの属性別に移動方向の比率を変化させた事例，(文C4) テーマパークにおける観客の行動を情報理論を用いて細かく設定した事例(文C12) がある。

このようにして求められた群集の流動予測に応じて，各ゾーンの滞留者数を算定し，休憩のための場所などを計画する。したがって，シミュレーションにおいて重要なデータは入場者の予測数であり，この予想が大きくはずれると会場内が混乱することにもなる。いかにシミュレーションが精密でも，その前提条件がくずれると，まったく用をなさなくなる事例のひとつといえよう。

4) 商業地区におけるシミュレーション

商業地区におけるシミュレーションでは，安全面の検討よりも，経営上の視点から客がどのように歩くかという点に重点がおかれる。とくに店舗計画や歩行者空間の整備計画においては断面交通量などが重要だ。

一般には，バスターミナルなどの出発点から終着点までの途中の行動を予測するのだが，たんに店の前を通過する歩行者数だけでなく，店の性格づけのためには，どのような階層の歩行者が通るかが重要であり，その店がターゲットとする階層の歩行者数を推定して，店の規模を決定することも必要になる。このようなシミュレーションでは，断面交通をリンク上の流れとして扱うとか，対象とする空間を比較的少ない空間単位で表現できるネットワークを用いるものが多い。(文D3) また客の回遊行動を表現するツールを開発した例もある。(文D1, 6)

5）防災避難のシミュレーション

建築物の防災シミュレーションでは，群集の避難と煙の伝播を同時に考慮することが望ましい。

空間のモデルは，対象とする建物の違いによってメッシュとネットワークが使い分けられる。たとえば百貨店のような大空間であればメッシュが，(文E6) ホテルや病院のように細かな部屋が廊下で接続されているよ

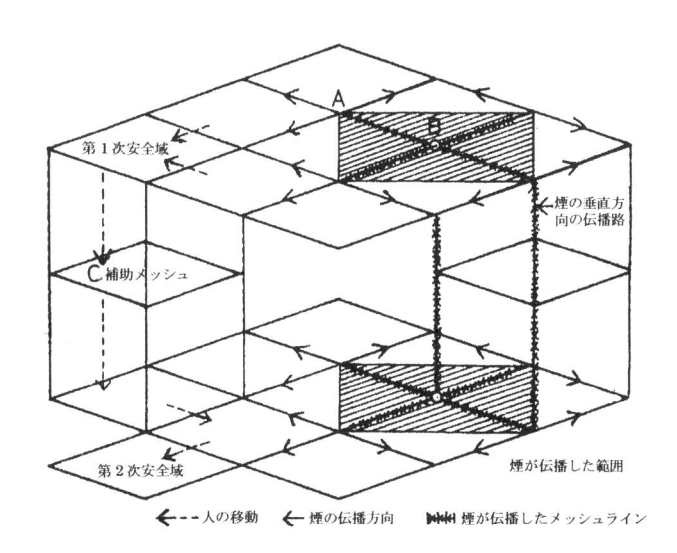

図6-4 高層建築における火災時のシミュレーション（三次元モデルの概念）
（岡田光正，吉田勝行，柏原士郎，辻 正矩，横田隆司：「三次元メッシュによる避難シミュレーションモデルの高層建築物への適用性（その1，2）」，日本建築学会大会学術講演梗概集，1983年）

な建物や地下街であれば，ネットワークとするのが扱いやすいであろう。
(文E7, 21)

また，高層ビルのように空間が立体的であるものを扱う場合には，空間モデルを3次元に拡張するか，(文E6)各フロアーを2次元平面として扱って，それを階段などで接続した構造を考える。(文E5) いずれにしても立体的なシミュレーションでは，上下方向すなわち階段室内での群集の移動と煙の伝播がポイントとなる。

防災避難のシミュレーションでは，まず滞在人口や安全域，出火点などの初期条件を想定し，火災が発生すると，あらかじめ設定した避難開始時間に避難が始まるものとする。避難方向としては，最も近い階段や煙から遠くなる方向，あるいは混雑の少ない方向の階段に向うとか，他人に追随する方向とする。(文E6, 7)

階段に入った群集は，避難階に向かって垂直に移動させる。歩行速度は水平か垂直かの別に加えて，建物の形状，群集密度などに応じて決定される。死亡者数は，定められた時間より長く濃い煙にさらされた者の数として算定されることが多い。(文E6)

人間の行動は複雑だから，性別や年齢，認知度などを考慮するとか，オートマタ理論や人工知能のprolog言語を用いて心理状態や周辺環境によって行動を変化させる事例もある。(文E2, 11) また最近では高齢者や車いすの障害者などを対象に含めた研究が増えている。(文E17〜24) さらに，水害で浸水したビルでの避難に関する研究も行なわれるようになった。(文E25, 26)

6-2 都市防災のシミュレーション

都市防災のシミュレーションは，地震などで火災が発生した場合，住民をできるだけ早く安全に広域避難場所に避難させる計画を立案するための道具になっている。したがって，シミュレーションでは，各地区の住民を避難場所に誘導させる避難モデルと，火災の延焼を表現するような延焼モデルを同時に考慮しなければならない。また，大都市の防災シミュレーションのように広大な空間を対象とする場合は，個々の道路などは無視して延焼と避難を同時に扱うのに都合のよいメッシュを採用し

ているものが多い。^(文F9など)

避難モデルにおいては，各地区の人間を避難予定地に誘導することを表現するために，避難人口，避難開始の時間，道路の有効幅員，群集密度と歩行速度，避難地とその収容可能人数という一連のデータが重要な初期設定の項目となる。あらかじめ避難ルートを設定しない事例の多くは，避難は最短経路を通って行なわれるものとしている。^(文F8)その他の事例と同じように単位時間あたりの移動人数は，道路の幅や群集密度をもとに算定するが，移動先に滞留があったりすると，方向を変えるようにした事例もある。

凡例： □ 安全域　▨ 40人/ha以上の滞留者が発生　■ 40人/ha以上の焼死者が発生

図6-5　都市防災のシミュレーション事例（大阪市における地震時の避難状況）
（岡田光正，吉田勝行，柏原士郎，辻　正矩，鈴木克彦「大震火災による人的被害の推定と都市の安全化に関する研究（2）」，日本建築学会論文報告集，No.308，1981年10月）

また，ウォーターフロントにおける避難シミュレーションもあり。[文F16] さらに，東南海沖地震に伴う大津波を想定した研究も多くなっている。[文F20, 21, 23] とくに，津波からの避難に関しては，今まではビルの上階から地上に避難したのに対して，反対に地上からビルの上階に避難するという全く逆方向の避難になるので，今後の研究が注目される。

　なお兵庫県南部地震のあとは，自治体の避難計画や，[文F19] 災害発生後の応急措置についての研究がある。[文F20] だが実際の阪神・淡路大震災においては，広域避難ではなく自宅の近くに避難した人が多かった。このように前提が異なるとシミュレーションは全く用をなさないので，シミュレーションする場合には発想の柔軟さが必要であろう。そのためか関東大震災時の避難の研究が最近になって発表されている。[文F22]

第7章

事故発生のメカニズムと安全対策

●

7-1……非日常の場における群集の行動パターン
7-2……事故発生の要因からみた群集事故のタイプ
7-3……事故発生のプロセス
7-4……事故防止のための安全対策
7-5……主催者や警備担当者の問題点

7-1　非日常の場における群集の行動パターン

　事故防止の手法を考えるためには，日常的でない場所における群集の特性を知っておかねばならない。

1）群集には2つのタイプがある

　祭りやイベントの群集には静止型と移動型という2つのタイプがある。対象とする群集が，いずれのタイプであるかによって事故防止の手法も違うので注意しなければならない。

　① 静止型の群集

　　　山鉾などが巡行するタイプの祭りでは，群集は沿道で見るだけで原則として動かないから静止型である。祇園祭，時代祭，三社祭，高山祭などの祭りや花火大会もこのタイプだ。

　　　静止型の場合，事故防止の原則は，会場内で群集を動かさないことだ。

　　　しかし，静止型といってもイベントによっては，会場までは大群集が移動することが多く，駅から会場への通路が最大の問題になる。途中にネックがないようにして一方通行にするなど，押し合いなどを防ぐためにスペースを確保し，場合によっては強力な規制が必要になる。

　② 移動型の群集

　　　祇園祭の宵山や桜の通り抜けなどは，見て歩くのが基本というタイプである。初詣でや戎神社の祭りなども参拝するのが目的だから群集は移動する。この場合，群集が立ち止まると事故になることがあるので危ない。

　　　移動型では群集を静止させてはいけない。流れている水を止めるためには大きな力が必要で，とくに幅の広い川をせき止めるのは容易ではない。移動型の場合には一方通行が大原則である。

2）バッファロー現象

　群集は先を争って走り出す猪突猛進型の傾向があり，バッファロー現

象ともいわれる。*脚注 転倒事故の原因になる行動パターンである。

3）群集は動き出すと止まらない

動くものを止めようとする場合，大きいものほど大きな力が必要となる。これは群集にも言えることで，動き出した群集を制止するには，同数かそれ以上の人数の整理員が必要となる。つまり，この群集がもつ巨大な力を軽減するのは容易ではないということだ。

4）群集は強暴になる

群集の状態では，人は理性を失って自己本位になり，1人ひとりの時には考えられないほど強暴になる。それは，たとえば次のような行動になって現われる。

① 他人の存在は邪魔になる

事故が発生する場合の群集は，お互いを障害物として認知するようにみえる。群集の中の敵愾心を，どうやって減らすかが問題である。

② 群集は弱肉強食である

群集は組織化された集団ではないため，それを構成する個体には大きなばらつきがある。たとえば登山であれば互いの技量，耐力，弱点を把握しているために，最もレベルの低い者に合わせて行動できるが，群集の場合，他人に対する配慮は期待できない。

5）弥次馬行動

群集は好奇心旺盛で物見高い。したがって何か事故などがあると，たちまち黒山の人だかりができる。大阪の天六ガス爆発における多数の死亡者は，その大部分が制止をきかずに集まってきた野次馬群集であった。

6）情報は伝わらない

前方で事故があって止まっているのに，その事情が後ろの方には全く伝わらないことは少なくない。いうなれば情報ガラパゴスである。それにもかかわらず，むやみに押し続けた結果，重大な事故になってしまっ

---

* 「雑踏警備の手引き」兵庫県警察本部，平成14年による．

たことが多い。たとえば「日暮里駅事故」から最近の「明石花火大会歩道橋事故」などが，これにあたる。

7-2　事故発生の要因からみた群集事故のタイプ

　事故発生の要因には次のようなタイプがある。実際には，これらが単独で発生することは少なく，2つあるいは3つのタイプが複合している場合が多い。事故の発生を防ぐためには，発生につながる要因をなくすればよいが，簡単にできることではない。

1）崩壊転落型
　群集の圧力または衝突で壁や手摺が壊れて人びとが転落するというタイプの事故である。「日暮里駅事故」では，跨線橋の壁が群集の圧力で破壊されたため，線路上に大勢の人が転落し，そこへ折り悪しく列車が入ってきたために大事故になった。「弥彦神社事件」も石垣の上の玉垣が倒れて，そこから群集が転落したのが主要な原因のひとつだから，このタイプになるであろう。ただし，このタイプの事故が起こるのは，壁や手摺の強度が十分でない場所で，高密度の群集が圧力をかけて前進しようとする場合だ。
　「永代橋」「両国橋」「万代橋」などでも，橋または橋の欄干が崩壊して群集が転落した。群集整理のための仮設の柵などが押し倒されるのは，よくあることで，「生駒山ロックコンサート事故」では，観客席を仕切っていた柵が幅15 mにわたって倒された。

2）規制突破型
　「桜の通り抜けにおける事故」が，このタイプで，ロープを使って群集の進入を止めようとしたが失敗した。ロープは容易にくぐり抜けることもできるし，木製や金属製の柵も倒されることがある。

3）前進圧迫型
　誰かが転倒すると続いて「将棋倒し」が起り，場合によっては前方だ

けではなく，周囲からも倒れ込む「内部崩壊型スリ鉢状倒れこみ」になる。「甲子園球場の事故」はこのタイプで，入場券の売り場に集まっていた群集が後方から強く押されたことによるものであった。

4）雪崩状転落型

雪崩は山の斜面を上から下へ滑り落ちるもので，平坦地での方向性のない倒れ込みを群集なだれというのは本来の雪崩の意味からいうと正しくない。

5）集団衝突型

「弥彦神社」「明石花火大会」および「ラブパレード」などにおける事故が典型である。入口へのルートに当たる場所で，入ろうとする群集と，出ようとする群集が正面衝突の形で押し合いになり，悲劇的な結果を生んだ。

6）乱入型

「フライヤージム（横浜公園体育館）」，「豊橋市民会館」，「神宮球場」などの事故が，このタイプである。いずれも入場待ちの行列ができていたのに，群集の整理に問題があり，一部のグループが行列に割り込んで乱入してきたことによるもので，フライヤージムでは12名が死亡，豊橋市民会館でも死亡者が出た。

7）パニック型

「カンボジアの水祭り」では吊り橋が揺れたため，誰かが「橋が壊れる」と叫んだことからパニックになり，347名死亡という大事故になった。中日スタディアムでも，火災発生で逃げようとした群集がフェンスに殺到して3名が死亡した。

8）攻撃的群集型

サッカー型といってもよい。イングランンドにおける「ヘイゼルの悲劇」と「ヒルズボロの悲劇」は，これに該当する。

7-3 事故発生のプロセス

(1) 事故発生のきっかけとなる転倒の原因

群集の圧力によって一部が転倒すると，後続の集団が避けきれずに巻き込まれて事故になる。その原因としては次のことが考えられる。

① 段差につまずく

　アイレベルでは気がつかない程度の小さな段差が危ない。一人で歩いていても下を見ていないと，つまずくことはあるだろう。だが群集密度が高い場合には見ようとしても足元は見えないので段差があっても気がつかない。

② 踏み外す

　階段の下り口は最も危ない。階段の上り口は群集の中からでも見えるが，下り口は群集の後ろからは気がつきにくいので，踏み外す危険がある。

③ 滑る

　釉薬を掛けたタイルや磨かれた石のような滑りやすい床材は危ない。とくに屋外では雨に濡れると滑りやすくなる。

④ 足を取られる

　玉砂利などのような歩きにくい地面や，足拭きマットなどのような固定されていない敷物があると，足を引っ掛けるおそれがある。

⑤ 押し倒される

　転倒原因のひとつである。とくに群集の中に高齢者や子供などがいると，押されただけで倒される可能性が高い。

⑥ エスカレーターやムービングウォークで転ぶ

　エスカレーターやムービングウォーク（動く歩道）の端部では高齢者や子供などは転びやすい。もし誰かが倒れると，後ろの人も自分では止まれないので折重なるように倒れ込み，その状態は装置がストップするまで続くことになるので，重大な事故になる可能性がある。

(2) 転倒のタイプ

1) 将棋倒し

「将棋倒し」とは，誰かが倒れると，それにつまずいドミノ倒しのように次々に倒れこんでいくことで，群集事故として最も多いタイプである。

2) 内部崩壊型の倒れ込み

明石花火大会事件や甲子園球場事故では，高密度の群集がスリバチ状に倒れ込んだ。限界を超えて異常に群集密度が高くなると「内部崩壊型のスリ鉢状倒れ込み」が発生する。とくに高密度の集団が衝突したときには，部分的には極めて高い密度になる。

こうなると群集の中央部では，人びとの体は浮き上がって足は地につかない状態になる。この状態が続くと圧迫されて呼吸も困難になり，耐えきれずに倒れてしまう。こうした場合，最初に失神したり倒れたりするのは子供や高齢者に多い。これを「スリ鉢状」というのは誰かが倒れると空間ができるため，それに向かって周囲の群集が倒れ込んで，ちょうどスリ鉢のような形になるからだ。

7-4　事故防止のための安全対策

(1) ハード面の対策―設計段階における技術的手法―

1) ボトルネックを造らない

通路の途中に階段や出入口，改札口があるとかで通路の幅が狭くなっている場合には，その手前で歩行速度が低下して滞留し群集密度が高くなる。したがって，通路と階段などが同じ幅では，流れをしぼるのと同じことになる。そのような場所では幅員を広げておかねばならない。

2) スロープを使う

寸法的におさまるかぎり，階段をやめてスロープ（ランプウェー）にする方がよい。とくに段数の少ない1段や2段の階段は，存在に気づか

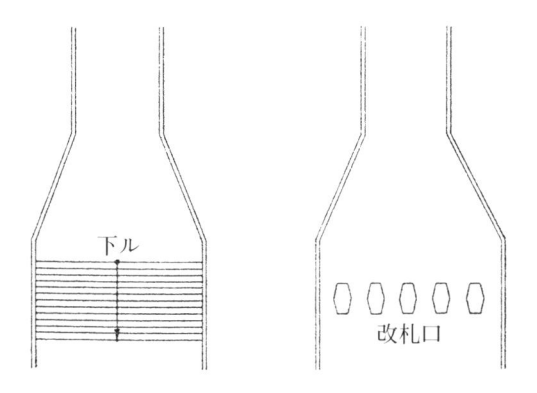

図 7-1　群集が通過する改札口や階段では幅を広くする

ないことも多いので事故の原因になる。

3）群集の圧力を逃がすところを造る

「日暮里駅事故」では群集の圧力で突き当たりの壁が崩壊して線路上に転落し，8人が死亡した。圧力の掛かりそうなところには，適当に逃げ道を造っておかなばならない。

4）手摺や柵の強度を確保する

「崩壊転落型」の事故を防止するには，手摺や柵は群集の圧力に耐えるだけの強度が必要である。手摺の場合，ふつうは群集の圧力までは考えていないことが多い。

5）床の段差をなくす

床の段差は最も危ない。サッシの下枠にあたるドアの沓摺りは，雨水が室内に浸入しないようにするためには必要な雨仕舞いのディテールだが，群集密度が高いと足元が見えないので，つまずくおそれがある。群集が出入りする場所では省略するか，別の方法による雨仕舞いを用いるのが望ましい。屋外では雨に濡れても滑らない床材を選ぶべきで，とくに玉砂利などは論外である。

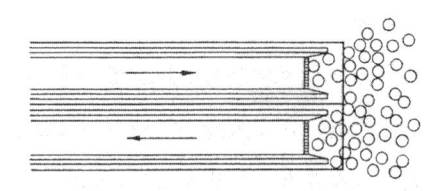

(A) 乗り場だまりの群集が逆方向の
　　出口をふさぐので危険

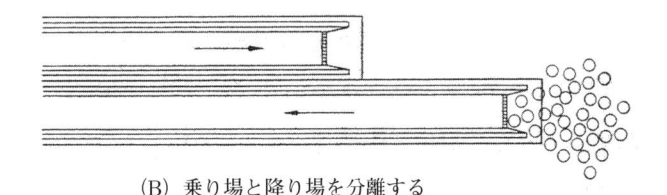

(B) 乗り場と降り場を分離する

図7-2　エスカレーターなどの乗降場所

6) エスカレーターなどの乗降場所には注意が必要

　エスカレーターやムービングウォーク（動く歩道）に乗り降りする場所が図7-2（A）のように並んでいるところは多い。大阪万博のムービングウォークでは，降りるところで転倒事故が発生して31名が負傷し，うち6名は重傷であった。原因はムービングウォークの乗降口が図（A）のように並んでいたからだという。

　エスカレーターでも同様で，昇りの乗り口に滞留した群集が降り口まではみ出すと，上から降りてきた人が降りられなくなる。これが階段であれば，足を止めて待てばよいが，エスカレーターやムービングウォークでは自分の意志で足を止めることはできないので非常に危ない。図(B)のように乗降する位置をずらしておかねばいけない。

(2)　運営面での対策

1) 群集を分散させる

　前項で述べたような事故発生の要因をなくすことが重要である。できるだけ大群集にならないような手立てを考えななければならない。

　まず必要なのは群集を分散させることである。これは極めて有効で，

そのためには日程を延長あるいは分散させる。たとえば，初詣では三が日に分散されているし，戎神社では宵戎，本戎，残り福と3日間に分けている。まことに巧妙な方法で，安全確保に有効であろう。

2）イベントを制限する

高密度群集の発生は事故につながるので，何よりも高密度群集を発生させないことが重要だ。そのためには，餅まき，物品の配布など本来の目的ではないイベントや人気商品の発売なども好ましくない。また夜店などもない方がよいが，やむおえない場合は主要な動線から離しておくべきであろう。

3）競馬方式を参考にする

競馬ではメインレースが最終レースではなく，その後もレースを続けるのが慣例になっている。これはJRA（日本中央競馬会）が公共交通機関での来場を推奨しているからだ。レースが終われば，来場客は一斉に帰るが，メインレースの後もレースを続けることによって交通機関が大混雑になるのを防止するという狙いがある。

イベントでも，催しが終ったところで急に閉幕にしないで，いくぶん軽い出し物を続けるようにすれば，群集の流出ピークが緩和される。大相撲の弓取り式やプロ野球のヒーローインタビューなども，この例と考えてよいが，残念ながら弓取り式は時間が短かすぎて，あまり効果がない。

4）群集を興奮させない

大阪城ホール16,000人，日本武道館15,000人，国技館11,500人というのは，それぞれの収容可能とされる人数である。このような大型の集会施設は今後も増えるだろうが，群集は予想できないほどの興奮状態になることがあるので，こうした場所で群集を熱狂させるイベントを催すのは危ない。とくに立見状態になると興奮も倍加する。イングランドのサッカー場における2回の悲劇は，立見席の群集が興奮，熱狂したことから起った事件である。

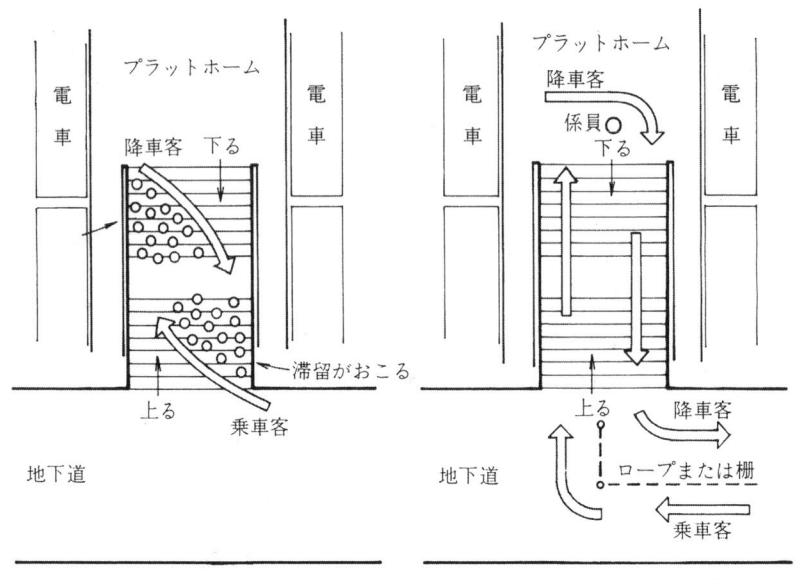

図 7-3　駅の地下道における群集整理

（図左：整理を行なわなかった場合／図右：整理が正しく行なわれた場合）

5) 近道行動の防止

　近道行動による通路の閉塞を避けるため多少，遠回りになっても，通路がふさがることのないように工夫しなければならない。とくに大都市のラッシュアワーにおける各駅での群集整理は見事であり，その事例から多くの教訓をくみ取ることができる。

　駅の地下道からホームへの階段上り口では，放置すれば図7-3のような乗車客の「近道行動」により階段は閉塞し，群集の流れは止まってしまう。そこで地下道から階段にかけて柵を設け，さらに必要に応じて係員が立ってボディアクションなどにより乗車客を遠回りさせ，降車客がスムーズに流れるようにしている。これは係員が立つ位置によってセンターラインを示す方が，より臨機応変に対応できるからだ。固定的な柵だけでなく，可動式の柵やロープを使って誘導するのがコツである。

6) 行列の位置指定

　床や壁のマークとか柵などで行列の位置を明示するのは極めて有効で

図7-4 駅ホームにおける行列の位置標示
（客は先発列に並び，乗車後に次発列から移動指示をアナウンスする）

ある。場合によっては行先別に位置を変える必要もあるだろう。

東京の地下鉄などで行なわれていることだが，ドアの位置ごとに4列の行列をつくるのである。まずはじめに，次の電車に乗る人びとの2列の行列ができるが，その行列が長くなると，その横に次の次の電車に乗るための別の行列ができ始める。電車が入ってくると，はじめの長い方の行列が整然と乗車し，その電車が出ると，アナウンスの指示で，横の2列がドアの位置へ整然と横に1mほど移動する。先発の行列が長くなると，また次発の電車のための行列ができ始める。このサイクルが正確に繰り返され，ここでの乗客の熟練と協力は見事なものである。

(3) 警備上の対策

1) 一方通行を徹底する

行きと帰りの動線を分離することが，衝突による事故を防ぐための鉄則だ。これを徹底すれば「弥彦神社」と「明石花火大会」における2つの重大事故は起こらなかったのではないか。一方通行にするためには迂回させることが必要な場合もあり，文句が出るかもしれないが，事故が起ったらどうなるかを考えるべきであろう。

2) 分断入場

　危険な状態にならないよう，必要な場合には入場を制限しなければならない。分断入場は，そのための方法で，具体的には次のような手法が用いられている。

① プラカードを持った警察官または警備員が先導する。分断誘導の手法でもある。プラカードの表と裏には「順序よくお進みください」と「しばらくお待ち下さい」と表示，適宜どちらかを示して誘導する
② ロープや柵を用いる
③ スピーカーで「進め」「止まれ」を指示する
④ 「ピッ，ピー」と笛を吹いて「進め」「止まれ」を合図する

　このような方法で人数を減らすことができれば有効な対策になるが，詰めかけた群集が前進できないと，その場所に高密度の集団ができるので，かえって危ないこともある。また，ロープや臨時の柵なども一応は有効だが，完全に前進を止める機能は期待できない。というのは過去の事例の中には，ロープを使っていたのに群集が乱入した「桜の通り抜け」や「豊橋市立体育館」における事故のようなケースもあるからだ。

3) 動線を長くする

　一般に動線は短い方がよいが，群集整理のためには長くした方がよい場合もある。群集が大きな集団になると背後からの圧力も強くなって危険な状態になる。したがって群集を行列の状態にし，さらにそれを迂回させ，あるいは蛇行させるのがよい。

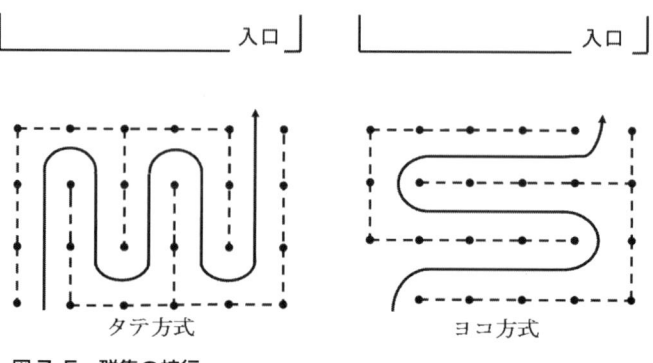

図 7-5　群集の蛇行

4）立ち止まり禁止

　移動型の群集が立ち止まると後続の群集が滞留して危険な状態になる。たとえば例年90万人以上が集まるという隅田川花火大会では，言問橋，吾妻橋，駒形橋，厩橋，蔵前橋という5本の橋は交互に方向を変えての一方通行に規制される。花火が最もよく見えるのが橋の上だから，放置すれば誰もが橋の上で立ち止まって花火を見ることになるので，大群集が停滞して危ない。

　そのため，橋の上では歩道からさらに内側の車道に1.5mの緩衝帯を設け，歩行者が通れるのは車道の中央部分だけで，立ち止まるのも禁止，写真撮影も禁止される。したがって，歩きながら花火を見ることになるのは止むをえない。これは大阪造幣局の「桜の通り抜け」でも同様で，群集が立ち止まらないように規制している。

5）目隠しシートを張る

　花火大会では，階段や通路に立ち止まって花火を見る観客が多く，そこに群集が滞留して事故につながるおそれがある。それを防ぐためには，高さ2〜3mの不透明ビニールシートの横幕を張って立ち止まりを防止する手法があり，淀川花火大会などでは効果をあげている。

6）分断誘導

　群集を小さな集団に分けて誘導すれば，後ろからの圧力を緩和することができる。「分断入場」の場合と同じようにプラカードを持った警察官または警備員が先導する手法が一般的であろう。いわゆる「バファロー現象」を防ぐためにも有効だ。

7）規制の内容を変えない

　当初に決めた入場の時間や入口を途中で変更してはならない。大混乱になることがある。「フライヤージムの事故」では，主催者が入場開始の直前に入口を変更したことから，行列が崩れて群集が殺到，乱入して16名が死亡した。

8）複雑な指示はしない

　指示は単純明快でなければならない。たとえば阪神電鉄の甲子園駅では，野球が終って球場から帰る客を運ぶため，通常の特急，急行，普通の間をぬって臨時の急行を増発するが，プラットホームでは，どの電車が先発かを繰り返しアナウンスするだけである。後から出る特急の方が先に到着することもあるが，そんな複雑な放送をしたのでは，ホームはますます混雑するから，先発の指示だけしかしない。それで人びとは先にホームに入ってきた電車に乗り込んでいくので，ホームの滞留も最小限度に抑えられるというしくみだ。

9）十分に情報を流す

　あと何分くらいで自分の順番が来るのか，今どうなっているか，何故こんなに混むのかというようなことは，待たされてイライラしている群集が最も知りたい情報である。今何が起こっているか，どういう状況にあるかを，整理担当者の全員が知っていなければならない。状況をこまめに利用者にも伝えることが必要だ。

　たとえば，初詣での参拝者が集中する有名社寺では，次のような方法で規制を行なっている。

　①「あと 200 m」など「あと 100 m」といったの掲示を出す
　②「1 時間待ち」または「2 時間待ち」といった待時間を示す
　③ 途中に設置した大型スクリーンにモニターカメラの映像を映して混雑状況を見せる

10）パニックを防止する

　パニックという言葉は日常会話の中で，たんに心理的な恐怖や不安を表現するのに気軽に使われるが，本来の意味は「不特定多数の人々の非合理的な避難行動」であり，めったに起るものではない。本当のパニックが起るのは次のような場合だとされている。

　①「危険」が突発的に発生し，あるいは「危険」が身近に迫っていることに，多くの人が気づいた。
　②「危険」から逃れ，あるいは「大きな利益」を得る方法があるが，手段，容量とも限られており，希望がかなうのはごく一部の人だけで全員

はとても無理である。
③ 助かるため，あるいは利益を得るためには，早く行動を起こさなければならないという時間的制約が厳しい。早く行かないと入場できないとか，先着順で人気商品が手にはいる場合なども，このケースにあたる。いずれも時間的な切迫感から，群集は前進しようと圧力をかける。

以上の3条件が揃った時でないと，狭い意味でのパニックにはならない。したがって，脱出口のない航空機事故では，本来の意味でのパニックは起らない。広い地域にわたって被害が発生し，しかも予知できない地震でもパニックになることは少ない。

パニックを防止するためには，上記の3つの条件のうち，ひとつでも成立しないようにすればよい。先着順で何らかの利益が得られるようなことは，しない方がよいのであって，たとえば「早くても遅くても同じ」という状況をつくればパニックにはならない。

7-5　主催者や警備担当者の問題点

主催者や管理者には次のような思い込みがあるのではないか。誤解でもあり，陥りやすい急所でもあるので注意しなければならない。

1）都合のよい経験は危ない

イベントや興行に際して，会場整理の担当者は過去の経験にもとづいて計画を立てることが多い。だが，この経験が曲者である。経験豊富な専門家だと自負する人は，群集整理のツボを知っていると思い込み，効率的に整理しようとする。こうした場合，必要なポイントを完全に押さえておればよいが，そうでなければ思いがけない混乱が起こることがある。

要領よくやろうとして，たまたまうまくいった過去の経験に頼るのは危険だ。群集を扱う場合は，常に最悪のケースを想定して万全の計画を立てなければならない。「こうすればよい」ではなく，「こうしてはいけない」といった形で経験を蓄積し，活用していかねばならない。

2）連帯責任は無責任体制だ

　催物を行なうとき整理を担当するのは，一般に主催者，会場，警察の三者が考えられる。だが，この三者は本来，指揮系統の全く異なる組織である。したがって，それぞれの役割と分担を明確にしておかなければ，互いに他の組織をあてにして，その隙間に群集は暴走する。また，アルバイトなど，臨時の職員を多用するのは危険である。複数の組織による場合には，全体を統括し，的確な判断と強力な指示ができるような責任者がいなければならない。責任者不在でも事故にならなかったケースがあったとしても，それはたんに運がよかったにすぎない。

3）個人技よりもチームプレーが重要

　役割を分担していても大きな催物になればなるほど各要員が担当する群集の規模は大きくなり，担当者相互の連絡は困難になって群集の動きに対して敏速に対応することが困難になる。群集の整理は時間との勝負だから，反応が遅いことは致命的で，状況の変化に対応できない部分ができてしまう。その間，群集の力とスピードは増大して制御不能になる。

4）途中での計画変更は危ない

　当初に公表された整理計画が変更される場合がある。これは群集の目には管理者側は無責任で信用できないという姿に映る。たとえば行列の位置を変えるとか，入場の順番を変更するなどは禁物だ。というのは群集の一部が獲得していたと信じる利益が，その変更によって失われると感じた場合には，群集は管理者側に対して敵意に近い感情をもつからだ。

5）重大な事故では再起不能のダメージを受ける

　営利目的の催し物の場合，主催者にとって最も重要な目的は，イベントを盛り上げ，話題性を高めることによって，より多くの客を動員することにある。安全性については付帯的に考慮するという程度であろう。だが，事故を起こせば利益をあげるどころか取返しのつかないことになる。
　社会的に許されないような不祥事を起こした結果，致命的な打撃を受けた例は少なくないが，これは群集事故の場合でも例外ではないことを忘れてはならない。

関連参考文献（第5章）

1) 竹内伝史，岩本広久：「細街路における歩行者挙動の分析」，交通工学，Vol.10, No.4, 1975年
2) 吉川 亨，岡本 博，荒木兵一郎：「大阪駅前ターミナルにおける老人の歩行トリップ」，日本建築学会大会学術講演梗概集，pp.635-646, 1975年
3) 井上隆夫：「街路における自由歩行の観測」，大阪大学卒業論文，1974年
4) 戸川喜久二：「群衆流の観測に基づく避難施設の研究」，学位論文，1963年
5) 岡田光正，江本達哉：「歩行者の流動分布に関する研究」，近畿支部研究報告集，1978年5月
6) 寺尾宣三：「歩行者の連合性について」，応用物理，Vol.18, No.4～5, 1948年
7) 俵 元吉：「子供連れ，老人等の自由歩行速度に関する調査」，大阪大学卒業論文，1976年
8) 戸川喜久二：「群衆の流れの算術」，科学朝日 1961-11 の図6.5 を引用
9) 神 忠久：「煙の中での歩行速度について」，火災，Vol.25, No.2, 1975年
10) 北後明彦：「煙の中における人間の避難行動実験―避難経路選択および歩行速度に関する実験的研究」，日本建築学会計画系論文報告集，第353号，1985年7月
11) 木村幸一郎，伊原貞敏：「建物内に於ける群集流動状態の観察」，日本建築学会論文報告集，第5号，pp.307-316, 1937年3月
12) 安藤勝憲：「歩行状態に於ける群集密度と混雑状態の評価に関する研究」，大阪大学修士論文，1979年
13) J.J.フルーイン著，長島正充訳：「歩行者の空間」，鹿島出版会，1974年
14) 戸川喜久二：「群集流の観測に基づく避難施設の研究」，学位論文，1963年
15) 建部謙治，志田弘二：「避難訓練時の児童の群集歩行調査と分析」，日本建築学会計画系論文報告集，第429号，1991年11月
16) 小関憲章：「ラッシュ時における通勤客のデータ」，鉄道技術研究所報，pp. 68～131, 1968年6月
17) 西田佳弘，堀内三郎，高橋昭子：「群集の歩行速度と群集密度との関係に関する研究 第2報―通過位置（中央部・端部）の影響について―」，建築学会近畿支部研究報告集，1985年5月
18) 牟田紀一郎，佐藤博臣，大内富夫，原 義胤：「高層ビルにおける避難流動（その1, 2)」，日本建築学会大会学術講演梗概集（構造系），1977年10月
19) 辻本 誠：「階段室における群集流動の実測例とその解析」，日本建築学会東海支部研究報告，pp.249～252, 1982年2月
20) 北後明彦，久保幸資，室崎益輝：「階段室における2群集の合流に関する実験的研究」，建築学会論文報告集，第358号，pp.37～43, 1985年12月
21) 中祐一郎，坂井義生，小川任信，金沢義夫，黒井賢二，黒田憲治，井ノ上範雄：「交差群集流動の観測と解析」，日本建築学会大会学術講演梗概集，pp.515～518, 1975年10月
22) 東京都市群交通計画委員会：「東京50km圏総合交通調査報告書技術部会資料」，駅前広場編，1972年
23) 前田敏愛：「大都市電車設備の検討」，停車場講演，1954年
24) 打田富男：「電車駅の乗降場及び階段幅員」，鉄道技術研究所中間報告，1956年
25) B.S.Pushkarev：*Urban Space for Pedestrian*, MIT Press, 1975
26) 上田光雄：「階段の容量」，日本建築学会研究報告集，1954年
27) 戸川喜久二：「群集流の観測に基づく避難施設の研究」，学位論文，1963年
28) 北後明彦，久保幸資，室崎益輝：「階段室における2群集の合流に関する実験的研究」，建築学会論文報告集，第358号，pp.37～43, 1985年12月
29) 日本建築学会編：「建築資料集成1」（旧版），丸善，1963年
30) B.Pushkarev，J.M.Zupan 著，月尾嘉男訳：「歩行者のための都市空間」，鹿島出版会，1977年

31) 岡田光正，江本達哉：「歩行者の流動分布に関する研究」，建築学会近畿支部研究報告集，pp.249〜302，1978年5月
32) 椎名辰之，岡田光正，柏原士郎，吉村英祐，横田隆司：「歩行者の流動分布と歩行路の幅員の計画について」，建築学会近畿支部研究報告集，pp.245〜248，1990年5月
33) 武者利光：「ゆらぎの世界」（講談社ブルーバックス），講談社，1980年
34) 戸川喜久二ほか：「建築のための心理学」，彰国社，1969年
35) 吉田克之，位寄和久：「避難行動予測における図式解法の問題点と EB モデルの提案，EB モデル（伸縮ブロックモデル）による群衆流の解析 その1」，建築学会論文報告集第409号，pp.35〜44，1990年3月
36) 戸川喜久二：「群集流の観測に基づく避難施設の研究」，学位論文，1963年
37) H. Greenberg：*An Analysis of Traffic Flow*, Operations Research Society of America，No.1，1959
38) 毛利正光，塚口博司：「歩行路における歩行者挙動に関する研究」，土木学会論文報告集，No.268，pp.99-108，1977年2月
39) 宮田 一：「列車運転になぞらえた歩行の人間工学的考察」，第6回鉄道に関するオペレーションズ・リサーチ研究発表会論文集，日本国有鉄道審議室，1966年3月
40) 中村和男，吉岡松太郎，稗田哲也：「歩行者流動モデルとそのシミュレーション」，人間工学，Vol.10，No.3，1974年
41) 中村和男，吉岡松太郎：「歩行者流動特性のシミュレーションによる検討」，人間工学，Vol.13，No.3，1976年
42) 中村和男：「歩行者流動特性の定量化手法」，歩行行動に関する研究報告書，日本自動車工業会交通対策委員会，1979年
43) 「東京50km圏総合交通体系調査報告書」，技術部会資料，駅前広場編，1972年
44) D.C.Gazis, R.Herman, R.W.Rothery : *Nonliner Follow the Leader Models of Traffic Flow*, J.Operations Research Society of America，No.4，1961

関連参考文献（第6章）

1) 吉田勝行，橘英三郎：「電算機を建築工学の研究に導入するに際して生じる問題点に関する一考察」，日本建築学会第1回電子計算機利用シンポジウム論文集，1979年3月
2) 「新・建築防災計画指針」，1995年版，日本建築センター，1995年
3) （社）日本火災学会編：「はじめて学ぶ建築と火災」，共立出版，2007年
4) 日本建築学会編：「図解　火災安全と建築設計」，朝倉書店，2009年
5) 兼田敏之編：「artisocで始める歩行者エージェントシミュレーション」，構造計画研究所，2010年

A. 基礎モデル・通路

A1) 山田　学：「群集流の面的表現のためのトライアルモデル」，日本建築学会大会学術講演梗概集，1971年11月
A2) 岡崎甚幸：「建築空間における歩行のためのシミュレーションモデルの研究—その1　磁気モデルの応用における歩行モデル」，日本建築学会論文報告集，No.283，1979年9月
A3) 岡崎甚幸：「建築空間における歩行のためのシミュレーションモデルの研究—その2　混雑した場所での歩行」，日本建築学会論文報告集，No.284，1979年10月
A4) 岡崎甚幸：「建築空間における歩行のためのシミュレーションモデルの研究—その3　停滞や火災を考慮して最短経路を選ぶ歩行」，日本建築学会論文報告集，No.285，1979年11月
A5) 岡崎甚幸，松下　聡：「建築空間における歩行のためのシミュレーションモデルの研究—その5　探索歩行及び誘導標による歩行」，日本建築学会論文報告集，No.302，1981年4月
A6) 松下　聡，岡崎甚幸：「待ち空間を考慮した群集歩行のシミュレーションモデルの研究」，日本建築学会大会学術講演梗概集，1989年10月
A7) 松下　聡，岡崎甚幸：「巨大迷路における歩行実験による探索歩行の研究」，日本建築学会計画系論文報告集，No.428，1991年10月
A8) 忠末裕美：「シミュレーションモデルを利用した群衆流動特性の研究—混雑時の不快感分布について—」，日本建築学会関東支部研究報告集，1983年
A9) 中村和男，吉岡松太郎，稗田哲也：「歩行者流動モデルとそのシミュレーション」，人間工学，Vol.10，No.3，1974年
A10) 中村和男，吉岡松太郎：「歩行者流動諸特性のシミュレーションによる検討」，人間工学，Vol.13，No.3，1976年
A11) 中村和男：「人間の集合体としての行動のシミュレーション」，建築雑誌，Vol.102，No.1257，1987年3月
A12) 辻本　誠：「階段室における群集流動の実測例とその解析」，日本建築学会東海支部　研究報告，1982年
A13) 森　一彦，渡辺昭彦：「空間の分りやすさの情報処理論的考察—サインの位置と探索行動—」，日本建築学会大会学術講演梗概集 E，1991年
A14) 松下　聡：「待ち行動を含む群集歩行シミュレーションモデルの研究」，日本建築学会計画系論文報告集，No.432，1992年
A15) 大石　潤，渡辺　俊，渡辺仁史：「参加型シミュレーションの開発に関する研究」，第15回情報システム利用技術シンポジウム，日本建築学会，1992年12月
A16) 高瀬大樹，円満隆平，佐野友紀，渡辺仁史：「歩行者動線シミュレーションシステムの開発」，日本建築学会技術報告集，Vol.3，1996年12月
A17) 織田瑞夫，瀧澤重志，河村　廣，谷　明勲：「エージェントモデルによる連続的空間における人間行動シミュレータの構築及び建築計画への応用」，日本建築学会計画系論文集，No.558，2002年8月

A18) 横山千恵，山本守和，登川幸生，西川慎哉，庄司和正：「歩行経路シミュレーションモデルの有効性に関する研究（その1〜3）」，日本建築学会大会学術講演梗概集 A-2，2001年9月
A19) 朝田伸剛，大佛俊泰：「歩行者の回避行動シミュレーションモデル」，日本建築学会大会学術講演梗概集 E-1，2001年9月
A20) 大佛俊泰，佐藤航：「心理的ストレス概念に基づく歩行行動のモデル化」，日本建築学会計画系論文集，No.573，2003年11月
A21) 高柳英明，長山淳一，渡辺仁史：「歩行者の最適速度保持行動を考慮した歩行行動モデル—群衆の小集団形成に見られる追跡-追従相転移現象に基づく解析数理—」，日本建築学会計画系論文集，No.606，2006年8月
A22) 木村謙，佐野友紀，林田和人，竹市尚広，峯岸良和，吉田克之，渡辺仁史：「マルチエージェントモデルによる群集歩行性状の表現—歩行者シミュレーションシステム SimTread の構築—」，日本建築学会計画系論文集，No.636，2009年2月
A23) 谷本潤，萩島理，田中尉貴：「避難口のボトルネック効果に関するマルチエージェントシミュレーションと平均場近似に基づく解析」，日本建築学会環境系論文集，No.640，2009年6月

B．鉄道駅

B1) 宗本順三，小林正美，加納修平：「梅田ターミナルに於る群集流動シミュレーション」，日本建築学会近畿支部研究報告集，1972年6月
B2) 片山徹：「都市ターミナルにおける乗降客流動シミュレーション」，日本建築学会大会学術講演梗概集，1972年10月
B3) 中祐一郎，上原孝雄，坂井義生，桐原明子：「群集流動の基本型のシミュレーション」，日本建築学会大会学術梗概集，1972年10月
B4) 中祐一郎，上原孝雄，坂井義生，桐原明子：「群集流動の基本型のシミュレーション（その2）」，日本建築学会大会学術講演梗概集，1973年10月
B5) 中祐一郎，上原孝雄，坂井義生，宮島勝：「群集流動の密度表現によるシミュレーション」，日本建築学会大会学術講演梗概集，1973年10月
B6) 中祐一郎：「交差流動のシミュレーションモデル—鉄道駅における旅客の交差流動に関する研究（2）」，日本建築学会論文報告集，No.267，1978年5月
B7) 鄭姫敬，渡辺俊，渡辺仁史：「大量輸送機関のターミナルにおける人間行動に関する研究」，日本建築学会大会学術講演梗概集，1990年10月
B8) 佐野友紀，鄭姫敬，渡辺俊，渡辺仁史：「駅及びその周辺における人間流動に関する研究（その2）」，日本建築学会大会学術講演梗概集，1991年9月
B9) 大戸広道，青木俊幸，都築知人，船山道雄，中川善光：「鉄道駅における旅客流動に関する研究—その3 旅客流動評価システム」，日本建築学会大会学術講演梗概集 E-1，1996年9月

C．展示施設（博覧会・遊園地など）

C1) 佐佐木綱，松井寛：「会場内の観客流動モデル」，土木学会論文集，No.159，1968年11
C2) 永井護：「遊園地における歩行者の流動に関するシミュレーション」，土木学会学術講演概要集 Vol.25，No.4，1970年
C3) 吉田邦彦：「規模計画へのシミュレーションの応用」，日本建築学会大会学術講演梗概集，1969年
C4) 中村良三ほか5名：「空間における行動特性の研究」，日本建築学会論文報告集，No.180，1971年
C5) 池原義郎，中村良三，渡辺仁史，内藤博幸，浜田啓：「人間—空間系の研究（1〜4）」，日本建築学会大会学術講演梗概集，1972年10月

C6) 山田　学：「博覧会場における観客流動シミュレーション」，日本建築学会第7回電子計算機利用シンポジウム，1985年
C7) 位寄和久ほか5名：「人間―空間系の研究　建築計画のためのネットワーク・オートマタモデル」，日本建築学会論文報告集，No.298，1980年12月
C8) 伊藤康行，浅川昭一郎：「都市における緑地の利用行動シミュレーションによる混雑度の解析」，造園雑誌，Vol.54，No.5，1991年
C9) 日建設計：「ポートピア '81の会場運営に貢献した観客流動シミュレーション」，建築とコンピュータ，Vol.2，1983年
C10) 浜田　啓，渡辺仁史，中村良三：「観覧会場内の観客流動モデル」，都市計画学会研究発表会論文集，Vol.8，1973年
C11) 青木義次，清水　卓，宇治川正人，浅沼龍一，大佛俊泰：「テーマパークに置ける観客流動シミュレーションモデル」，第15回情報システム利用技術シンポジウム論文集，日本建築学会，1992年
C12) 谷本　潤，藤井晴行，片山忠久，萩島　理：「情報理論を適用した離散型シミュレーションによるテーマパーク解析に関する一考察」，日本建築学会計画系論文集，No.542，2001年4月

D. 買物群集（商店街など）

D1) 光吉健次ほか5名：「近隣型商業地の小地域の街路における歩行者の断面交通量の推定に関する研究」，日本建築学会論文報告集，No.330，1983年8月
D2) 光吉健次，萩島　哲，黒瀬重幸，菅原辰幸，金　南珏：「推移確率行列を用いた歩行者流動の分析手法に関する研究」，日本建築学会論文報告集，No.363，1986年5月
D3) 深海隆恒：「商業地における歩行者流に関する研究」，都市計画学会学術研究発表会論文集，Vol.9，1974年
D4) 深海隆恒：「商業地における歩行者流に関する研究（その2）」，都市計画学会学術研究発表会論文集，Vol.12，1977年
D5) 佐野友紀，林田和人，林　淳蔵，岩野綱人，渡辺仁史：「建築空間要素のブロック化による人間流動シミュレーションの簡易化に関する研究」，日本建築学会第16回情報システム利用技術シンポジウム論文集，1993年12月
D6) 末繁雄一，両角光男：「QTVRによる都市空間回遊行動シミュレーションツールの再現性の考察：熊本市の中心市街地における視覚情報と来訪者の回遊行動の関係に関する研究」，日本建築学会計画系論文集，No.597，2005年11月

E. 建築防災

E1) 中村良三，池原義郎，吉田克之，渡辺仁史：「人間―空間系の研究Ⅳ　GPSSによる建物避難シミュレーション」，建築学会大会学術講演梗概集，1973年10月
E2) 渡辺仁史，池原義郎，中村良二，吉田克之，浜田　啓：「人間―空間系の研究Ⅳ　オートマタ理論による建物からの避難行動の解析」，日本建築学会大会学術講演梗概集，1973年10月
E3) 吉田克之，浜田　啓：「防災計画の研究，2．グラフモデルによる避難シミュレーション法の提案」，日本建築学会大会学術講演梗概集，1976年
E4) 牟田紀一郎，佐藤博臣，大内富夫，原　義胤：「高層ビルにおける避難流動（その2）―避難行動の分析とそのシミュレーション―」，日本建築学会大会学術講演梗概集，1977年10月
E5) 堀内三郎，小林正美，二村洋一：「建築防災計画のシステム分析　デパートにおける避難シミュレーション」，日本建築学会論文報告集，No.251号，1977年1月
E6) 岡田光正，吉田勝行，柏原士郎，辻　正矩，横田隆司：「三次元メッシュによる避難シミュレーションモデルの高層建築物への適用性（その1，2）」，日本建築学会大会学術講演梗概集，1983年

E7) 桑原　宏：「避難行動を確率的現象としてとらえたシミュレーション手法 SAFE の検討」，日本建築学会大会学術講演概集，1978 年
E8) 佐々雄司：「ネットワークモデルによる避難状況のシミュレーションシステムの研究」，日本建築学会大会学術講演梗概集 A，1985 年
E9) 仲谷善雄，荒屋真二：「社会的相互作用を考慮した避難行動の情報処理的シミュレーション・モデル」，情報処理学会論文誌，Vol.27，No.4，1986 年 4 月
E10) 森　孝夫，柏原士郎，吉村英祐，横田隆司：「三次元メッシュによる避難シミュレーションのためのグラフィックシステムの開発」，日本建築学会電子計算機利用シンポジウム論文集，1986 年
E11) 西薗博美，木村正彦，加藤史郎：「prolog 言語を用いた避難シミュレーション・システム」，日本建築学会大会学術講演梗概集 A，1987 年 10 月
E12) 小出　治：「避難シミュレーション」，建築雑誌，Vol.102，No.1257，1987 年 3 月
E13) 吉田克之，位寄和久：「避難行動予測における図式解法の問題点と EB モデルの提案：EB モデル（伸縮ブロックモデル）による群衆流の解析　その 1」，日本建築学会論文報告集，No.409，1990 年 3 月
E14)「EB モデルによる集団歩行特性の検討および在来の図式解法の補正方法の提案：EB モデル（伸縮ブロックモデル）による群衆流の解析　その 2」，日本建築学会論文報告集，No.413，1990 年 7 月
E15) 岡崎甚幸，松下　聡：「避難計算のための群集歩行シミュレーションモデルの研究とそれによる避難安全性の評価」，日本建築学会計画系論文報告集，No.436，1992 年 6 月
E16) 龍野洋幸，小松喜一郎，渡辺　俊，渡辺仁史：「行動シミュレーションの視覚化に関する研究」，第 15 回情報システム利用技術シンポジウム，日本建築学会，1992 年 12 月
E17) 海老原学，掛川秀史：「オブジェクト指向に基づく避難・介助行動シミュレーションモデル」，日本建築学会計画系論文集，No.467，1995 年 1 月
E18) 海老原学，掛川秀史：「避難シミュレーションに基づく高齢者施設の避難安全性の確保に関する考察」，日本建築学会計画系論文集，No.521，1999 年 7 月
E19) 岸野網人，渡辺仁史，吉田克之：「スタジアムにおける避難計算のための区画に関する研究」，日本建築学会計画系論文集，No.479，1996 年 1 月
E20) 伊藤圭太，志田弘二：「高齢者・身体障害者等の移動特性を考慮した避難シミュレーション」，日本建築学会大会学術講演梗概集 A-2，1997 年 9 月
E21) 土井　暁，渡辺眞知子，本間正彦，吉野攝津子，大木　淳：「地下街火災 VR シミュレータの開発（その 1 ～その 2）」，日本建築学会大会学術講演梗概集 F-1，2000 年 9 月
E22) 嶋田　拓，金井昌昭，矢島規雄，直井英雄：「車いす使用者を含む群集の避難流動特性に関する実験研究」，日本建築学会計画系論文集，No.569，2003 年 7 月
E23) 土屋伸一，古川容子，宮野義康，吉田直之，長谷見雄二：「車椅子使用者が混在する群集の流動特性に関する研究」，日本建築学会環境系論文集，No.571，2003 年 9 月
E24) 瀧本浩一：「個別要素法を用いたシミュレーションによる避難時の車椅子使用者と他の避難者との影響に関する一考察」，日本建築学会環境系論文集，No.566，2003 年 4 月
E25) 安福健祐，阿部浩和，山内一晃，吉田勝行：「メッシュモデルによる避難シミュレーションシステムの開発と地下空間浸水時の避難に対する適用性」，日本建築学会計画系論文集，No.589，2005 年 3 月
E26) 安福健祐，阿部浩和，吉田勝行：「避難シミュレーションシステムの経路障害発生時への適用」，日本建築学会計画系論文集，No.626，2008 年 4 月

F．都市防災

F1) 諸井陽児，渡辺仁史，池原義郎，吉田克之，中村良三：「人間—空間系の研究Ⅴ（空間におけ

る人間の流動モデル）メッシュモデルによる広域避難流動シミュレーション」，日本建築学会大会学術講演梗概集，1973年10月
F2) 室崎益輝，田中哮義：「市街地における避難群集流動の一解決法」，火災，Vol.3，No.4，1973年
F3) 藤田隆史：「大震災時における住民避難の最適化」，生産研究，Vol.27，No.3，1975年
F4) 藤田隆史，柴田　碧：「大震火災時における住民避難の最適化（第2報）」，生産研究，Vol.28，No.3，1976年
F5) 堀内三郎，小林正美，中井　進：「都市域における避難計画の研究」，日本建築学会論文報告集，No.223，1974年
F6) 堀内三郎，小林正美：「都市防災計画のシステム化に関する研究（Ⅰ）」，日本建築学会論文報告集，No.242，1976年
F7) 堀内三郎，小林正美：「都市防災計画のシステム化に関する研究（Ⅱ）防災システムのシミュレーション」，日本建築学会論文報告集，No.258，1977年8月
F8) 岡田光正，吉田勝行，柏原士郎，辻　正矩：「大震火災による人的被害の推定と都市の安全化に関する研究（1）」，日本建築学会論文報告集，No.275，1979年1月
F9) 岡田光正，吉田勝行，柏原士郎，辻　正矩，鈴木克彦：「大震火災による人的被害の推定と都市の安全化に関する研究（2）」，日本建築学会論文報告集，No.308，1981.10月
F10) 田治米辰雄，守谷栄一：「大地震時における火災発生と避難行動のシミュレーションによる研究（Ⅰ）」，日本建築学会論文報告集，No.327，1983.5月
F11) 森脇哲朗，松本博文，江田敏男：「大震火災時の避難シミュレーション」，日本建築学会論文報告集，No.341，1984年7月
F12) 江田敏男，森脇哲朗，青木　浩：「避難場所内部における避難者移動のシミュレーション」，日本建築学会大会学術講演梗概集，1985年10月
F13) 小坂俊吉，堀口孝男：「広域避難シミュレーション手法による大震火災時の群集行動解析」，土木学会論文集，No.365，1986年1月
F14) 堀内三郎，小林正美，中井　進：「広域避難計画に関する研究，都市計画学会研究発表会論文集」，Vol.8，1973年
F15) 堀内三郎，小林正美：「シミュレーションモデルによる火災に対する都市の防災システムの研究」，都市計画学会研究発表会論文集，Vol.11，1976年
F16) 小出　治，飯田雅英，齋藤裕美：「ウォーターフロント開発に伴う建築避難時および広域避難時の問題点」，大会パネルディスカッション（ウォーターフロントの開発）資料集，日本建築学会，1992年8月
F17) 青木義次，大佛俊泰，橋本健一：「情報伝達と地理イメージ変形を考慮した地震時避難行動シミュレーションモデル」，日本建築学会計画系論文報告集，No.440，1992年10月
F18) 三重野裕之，清家　規，多賀直恒：「福岡市における地震被害想定を用いた地域シミュレーション評価に基づく避難計画」，日本建築学会大会学術講演梗概集B-2，1999年9月
F19) 岡野健作，中井正一，石田理永：「行動シミュレーションに基づく災害時の応急給水計画」，日本建築学会大会学術講演梗概集A-2，2001年9月
F20) 藤岡正樹，石橋健一，梶　秀樹，塚越　功：「津波避難対策のマルチエージェントモデルによる評価」，日本建築学会計画系論文集，No.562，2002年12月
F21) 齋藤　崇，鏡味洋史：「マルチエージェントシステムを用いた津波からの避難シミュレーション—奥尻島青苗地区を例として—」，日本建築学会計画系論文集，No.597，2005年11月
F22) 西野智研，円谷信一，樋本圭佑，田中哮義：「関東大震災における東京市住民避難性状の推定に関する研究：ポテンシャル法に基づく地震火災時の避難シミュレーションモデルの開発」，日本建築学会環境系論文集，No.636，2009年2月
F23) 渡辺公次郎，近藤光男：「津波防災まちづくり計画支援のための津波避難シミュレーションモデルの開発」，日本建築学会計画系論文集，No.637，2009年3月

〈著者略歴〉

岡田　光正（おかだ・こうせい）
1952年　京都大学工学部建築学科卒業
現　在　大阪大学名誉教授（工学博士）
著　書　建築計画12「施設規模」丸善，1070
　　　　「建築計画決定法」朝倉書店，1974
　　　　「建築と都市の人間工学」鹿島出版会，1977
　　　　「火災安全学入門」学芸出版社，1985
　　　　「建築規模論」彰国社，1988
　　　　「建築計画1」鹿島出版会，1987
　　　　「建築計画2」鹿島出版会，1991
　　　　「空間デザインの原点―建築人間工学―」理工学社，1993
　　　　「住宅の計画学入門」鹿島出版会，2006

阪井由二郎　神戸市都市計画総局
吉田　勝行　大阪大学名誉教授
柏原　士郎　大阪大学名誉教授
辻　　正矩　大阪工業大学名誉教授
吉村　英祐　大阪工業大学教授
横田　隆司　大阪大学教授
森田　孝夫　京都工芸繊維大学教授

群集安全工学

発　　行　2011年5月20日　第1刷

著　　者　岡田　光正
発 行 者　鹿島　光一
発 行 所　鹿島出版会　〒104-0028　東京都中央区八重洲2-5-14
　　　　　　　　　　　TEL 03-6202-5200　　振替 00160-2-180883

出版プロデュース　安曇野公司
ブックデザイン　石原　亮
印　　刷　壮光舎印刷　　製　本　牧製本

ISBN978-4-306-03359-7　C3052　Printed in Japan
ⓒ*Safety Technology for Crowd*, by Okada Kousei
無断転載を禁じます。落丁・乱丁本はお取替えいたします。

本書の内容に関するご意見・ご感想は下記までお寄せください。
URL : http://www.kajima-publishing.co.jp
E-mail : info@kajima-publishing.co.jp